# Getriebene Köpfe:

## Die Visionäre, die das Automobilzeitalter geprägt haben

Etienne Psaila

# Driven Minds: Die Visionäre, die das Automobilzeitalter geprägt haben

Copyright © 2024 von Etienne Psaila. Alle Rechte vorbehalten.

Erstausgabe: **März 2024**
Diese Ausgabe: **Juli 2024**

Kein Teil dieser Veröffentlichung darf ohne vorherige schriftliche Genehmigung des Herausgebers in irgendeiner Form oder mit irgendwelchen Mitteln, einschließlich Fotokopieren, Aufzeichnen oder anderen elektronischen oder mechanischen Methoden, vervielfältigt, verteilt oder übertragen werden, es sei denn, es handelt sich um kurze Zitate, die in kritischen Rezensionen enthalten sind, und bestimmte andere nicht-kommerzielle Nutzungen, die nach dem Urheberrecht zulässig sind.

Dieses Buch ist Teil einer Reihe und jeder Band der Reihe wurde unter Berücksichtigung der besprochenen Automobil- und Motorradmarken erstellt, wobei Markennamen und verwandte Materialien nach den Prinzipien der fairen Nutzung für Bildungszwecke verwendet werden. Ziel ist es, zu feiern und zu informieren und den Lesern eine tiefere Wertschätzung für die technischen Wunderwerke und die historische Bedeutung dieser ikonischen Marken zu vermitteln.

Webseite: www.etiennepsaila.com
Kontakt: etipsaila@gmail.com

# Inhaltsverzeichnis

**Vorwort**
**Kapitel 1**: Karl Benz – Die Erfindung des Automobils
**Kapitel 2**: Henry Ford – Der Fließbandpionier
**Kapitel 3**: Enzo Ferrari – Die Kunst der Geschwindigkeit
**Kapitel 4**: Soichiro Honda – Grenzen durchbrechen
**Kapitel 5**: Ferruccio Lamborghini – Der Luxus-Rebell
**Kapitel 6**: Elon Musk – Revolutionierung von Elektroautos
**Kapitel 7**: Colin Chapman – Innovative Leichtigkeit
**Kapitel 8**: Ferdinand Porsche – Ein Vermächtnis der Präzision
**Kapitel 9**: Lee Iacocca – Das Comeback-Kind
**Kapitel 10**: Ralph Nader – Verfechter der Automobilsicherheit
**Kapitel 11**: Adrian Newey – Das Design-Genie der Formel 1
**Kapitel 12**: Carroll Shelby – Amerikas Speed-Händler
**Kapitel 13**: Gordon Murray – Meister des Supersportwagen-Designs
**Kapitel 14**: Giorgetto Giugiaro – Der Designer des Designers
**Kapitel 15**: Sergio Marchionne – Die Exekutive der Exekutive
**Kapitel 16**: Alejandro Agag – Elektrisierender Motorsport
**Kapitel 17**: Håkan Samuelsson – Sicherheit und Autonomie
**Kapitel 18**: Mate Rimac – Pionierarbeit für elektrische Hypercars
**Kapitel 19**: Battista "Pinin" Farina – Den Wind formen
**Kapitel 20**: Franz Josef Popp – Ingenieurspräzision
**Kapitel 21**: Ettore Bugatti – Die Kunst der mechanischen Schönheit
**Kapitel 22**: W.O. Bentley – Das Streben nach Macht

**Kapitel 23**: Kiichiro Toyoda – Jenseits des Webstuhls
**Kapitel 24**: Malcolm Sayer – Der aerodynamische Künstler
**Kapitel 25**: Ferdinand Piëch – Der Architekt des modernen Volkswagen
**Kapitel 26**: Alejandro de Tomaso – Der Einzelgänger von Modena
**Kapitel 27**: John DeLorean – Die Form brechen
**Kapitel 28**: Bruce McLaren – Rennen in Richtung Innovation
**Kapitel 29**: William C. Durant – Der Architekt von General Motors
**Kapitel 30**: Henry Leland – Feinmechanik und die Geburt von Cadillac
**Kapitel 31**: Michio Suzuki – Von Webstühlen zu Gassen
**Kapitel 32**: Yoshisuke Aikawa – Der industrielle Visionär von Nissan
**Kapitel 33**: Genichi Kawakami – Yamahas Melodie auf den Straßen
**Kapitel 34**: Henri Pescarolo – Der unvergängliche Geist von Le Mans
**Kapitel 35**: Thierry Sabine – Die Seele der Rallye Dakar
**Kapitel 36**: Bernie Ecclestone – Das Mastermind der Formel 1
**Kapitel 37**: Bill France Sr. – Der Architekt von NASCAR
**Kapitel 38**: Colin McRae – Die Legende des Rallyesports
**Kapitel 39**: Tony Hulman – Die Wiederbelebung des Indianapolis 500
**Kapitel 40**: Jack Brabham – Rennsport-Innovator
**Epilog**

## Vorwort

In dem riesigen und komplizierten Geflecht der Automobilwelt gibt es Koryphäen, deren Beiträge nicht nur die Branche geprägt, sondern auch unsere Beziehung zur Straße verändert haben. Dieses Buch mit dem Titel "Driven Minds: The Visionaries Who Engineered the Automotive Age" versucht, das Leben, die Innovationen und das unauslöschliche Vermächtnis dieser bemerkenswerten Menschen zu beleuchten, deren Träume, Entschlossenheit und Einfallsreichtum die Automobilwelt in neue Bereiche der Möglichkeiten katapultierten.

Wenn wir die Seiten dieser Erzählung umblättern, reisen wir durch Geschichten von Leidenschaft und Beharrlichkeit, von Visionären, die über die Grenzen ihrer Zeit hinaussahen, um die Grenzen von Geschwindigkeit, Sicherheit, Design und Effizienz neu zu definieren. Von den frühen Pionieren, die den Grundstein für die Automobilindustrie legten, bis hin zu den modernen Meistern der Technik und des Designs ist jedes Kapitel eine Hommage an den Innovationsgeist, der den menschlichen Fortschritt vorantreibt.

Das Vorwort zu einer solchen Erzählung hat ein erhebliches Gewicht, denn hier müssen wir das Zusammentreffen unzähliger Träume, Herausforderungen und Triumphe anerkennen, die die reiche Geschichte der Automobilwelt verwoben haben. Es ist eine Geschichte, die geprägt ist von Momenten brillanter Inspiration, vom unermüdlichen Streben nach Perfektion und vom Mut, sich ins Unbekannte zu wagen.

Für die Enthusiasten, die das Dröhnen eines Motors

bestaunen, für die Träumer, die in die Sterne blicken und Fahrzeuge sehen, die noch entworfen werden müssen, und für die Innovatoren, die am Rande des nächsten großen Durchbruchs stehen, ist dieses Buch ein Zeugnis für die anhaltende Kraft des menschlichen Geistes, Grenzen zu überschreiten und Außergewöhnliches zu erreichen.

Die Geschichten auf diesen Seiten sind mehr als nur Berichte über den technologischen Fortschritt; Es sind Erzählungen über menschliches Streben, die das Zusammenspiel zwischen individueller Kreativität und kollektivem Fortschritt hervorheben. Sie erinnern uns daran, dass hinter jeder Erfindung, hinter jedem Sprung nach vorn im Automobildesign und in der Automobilleistung ein getriebener Verstand, ein Herz voller Leidenschaft und eine Seele steckt, die unerschütterlich nach Exzellenz strebt.

Wenn Sie sich auf diese Reise durch die Annalen der Automobilgeschichte begeben, mögen Sie sich von den Geschichten derjenigen inspirieren lassen, die es wagten, zu träumen, zu bauen und das Wesen der Bewegung neu zu definieren. Mögen ihre Vermächtnisse Ihre Fantasie beflügeln und vielleicht sogar die Flamme der Innovation in Ihnen entfachen.

Willkommen bei "Driven Minds: The Visionaries Who Engineered the Automotive Age". Hier breitet sich die Straße vor uns aus, breit und einladend, gepflastert von den Legenden der Vergangenheit und führt uns zu den Horizonten von morgen. Fangen wir an.

# Kapitel 1: Karl Benz – Die Erfindung des Automobils

Im Herzen Mannheims begab sich Karl Benz zu Ende des 19. Jahrhunderts auf eine Reise, die den Lauf der Geschichte für immer verändern sollte. In einer bescheidenen Werkstatt, die mit Werkzeugen und Maschinen vollgestopft war, schuftete Benz, und sein Geist entflammte die Möglichkeit einer Welt, die durch seine Vision verändert wurde.

**Der Träumer und der Skeptiker**

Karl Benz war ein Mensch, der gespalten war zwischen der Welt, wie sie war, und der Welt, wie er glaubte, dass sie sein könnte. Mit jeder Skizze, jedem Modell wagte er sich weiter in das Reich des Unbekannten vor, getrieben von der Überzeugung, dass die Zukunft denen gehört, die es wagten, sie sich vorzustellen. Doch dieser Träumer kämpfte auch mit der Skepsis, die jeden seiner Schritte überschattete. Zweifel flüsterten ihm ins Ohr, nicht nur aus dem Mund der Neinsager, sondern aus den Tiefen seines eigenen Geistes.

"Ist es töricht zu glauben, dass Stahl atmen kann, dass der Mensch die Kraft des Feuers und der Bewegung in solcher Harmonie nutzbar machen kann?" Oft sinnierte Benz in der Einsamkeit seiner Werkstatt. Seine mit Öl und Ruß befleckten Hände waren ein Zeugnis seiner Arbeit, aber es war seine Widerstandsfähigkeit, die Fähigkeit, der Skepsis standzuhalten, die seinen Charakter definierte.

**Bertha: Die unsichtbare Macht**

Hinter jedem großen Erfinder steht eine Kraft von gleicher Größe, wenn auch oft unsichtbar. Für Karl Benz war diese Kraft in seiner Frau Bertha personifiziert. Bertha war nicht nur eine Lebenspartnerin, sondern auch eine Vision. Sie verstand die Last des Traumes, den Karl in sich trug, und sie ertrug ihn mit einer Anmut und Entschlossenheit, die mit seiner eigenen wetteiferte.

Berthas Glaube an Karls Erfindung war unerschütterlich, ihre Entschlossenheit stählern. »Das ist mehr als eine Maschine, Karl«, sagte sie, und ihre Stimme war ein Leuchtfeuer in den Augenblicken des Zweifels. "Es ist der Schlüssel zu einer Zukunft, von der wir nur zu träumen gewagt haben. Und es ist zum Greifen nah." Ihr Glaube an ihn, an ihren gemeinsamen Traum, war der Katalysator, der das Zögern in Taten verwandelte.

**Der Funke des Genies**

Es war ein kühler Morgen Anfang 1885, als Benz sich mit vor Konzentration gerunzelter Stirn an seinen Gehilfen wandte und sagte: "Stellen Sie sich vor, stellen Sie sich vor, jeder Mann könnte sein eigenes Ross befehligen, nicht aus Fleisch und Blut, sondern aus Stahl und Dampf. Ein Wagen ohne Pferde, angetrieben vom Feuer des Prometheus selbst."

Seine Werkstatt, ein Heiligtum der Erfindungen, war Zeuge der Entstehungsgeschichte des Motorwagens. In diesen Mauern, inmitten des Duftes von Öl und Metall, fertigte Benz akribisch die Komponenten seines Traums her. Das Herzstück seiner Schöpfung, ein Einzylinder-Viertaktmotor, war ein Wunderwerk der Ingenieurskunst und versprach eine Zukunft, die von den Beschränkungen der Pferdetransporte befreit war.

**Die erste Reise**

Es war der 3. Juli 1886. Das Kopfsteinpflaster Mannheims, in dem normalerweise das Klappern der Pferdehufe widerhallt, war im Begriff, Zeuge eines Schauspiels von beispiellosem Staunen zu werden. Der Motorwagen mit Benz am Steuer setzte sich stotternd in Bewegung, sein Motor gab ein rhythmisches Brummen von sich, als er sich in den Bereich des Möglichen vorwagte.

"Spektakulär, nicht wahr?" bemerkte Benz zu einem Umstehenden, dessen Augen vor Stolz glänzten. "Das ist erst der Anfang. Eines Tages werden diese Maschinen Städte und Länder durchqueren, Entfernungen überbrücken und die Welt näher zusammenbringen."

Die Jungfernfahrt des Motorwagens wurde mit einer Mischung aus Ehrfurcht und Skepsis aufgenommen. Die Zuschauer bestaunten das merkwürdige Gerät, einige jubelten, andere höhnten und nannten es eine unpraktische Phantasie. Doch für Benz war die kurze Reise eine triumphale Bestätigung seines Lebenswerks.

**Ein Zeugnis des Glaubens**

Das Jahr 1888 markierte einen entscheidenden Moment auf der Reise des Motorwagens. Bertha Benz, Karls Frau und Vertraute, erkannte die Notwendigkeit, die Praxistauglichkeit des Fahrzeugs zu demonstrieren, und begab sich auf eine waghalsige Expedition von Mannheim nach Pforzheim. Begleitet von ihren beiden Söhnen bewältigte sie die 106 Kilometer mit einer Entschlossenheit, die dem Einfallsreichtum ihres Mannes entsprach.

"Wir müssen der Welt zeigen, wozu diese Maschine fähig ist", bekräftigte Bertha, bevor sie sich entfernte. "Nicht nur als Neuheit, sondern als Leuchtturm des Fortschritts, als Vorbote einer neuen Ära."

Berthas Reise war voller Herausforderungen, vom Auftanken mit Ligroin, das sie in Apotheken gekauft hatte, bis hin zum Reinigen von Kraftstoffleitungen mit ihrer Hutnadel, ein Beweis für die Ausdauer des Motorwagens. Bei ihrer triumphalen Rückkehr erzählte sie Karl: "Die Welt ist bereit für deine Vision. Der Weg mag voller Herausforderungen sein, aber die Zukunft gehört denen, die es wagen, ihn zu gehen."

**Das Vermächtnis entfaltet sich**

Die Erfindung von Karl Benz legte den Grundstein für die Automobilindustrie, ein Zeugnis für menschlichen Einfallsreichtum und Ausdauer. Der Motorwagen, der einst als reine Kuriosität galt, wurde zum Vorläufer des modernen Automobils und leitete eine Ära beispielloser Mobilität ein.

Im Rückblick auf seine Reise sinniert Benz: "Was wir in Bewegung gesetzt haben, ist mehr als die Summe seiner Teile. Es ist ein manifestierter Traum, ein Versprechen von Freiheit und Erkundung. Dies ist erst der Beginn des automobilen Zeitalters."

Die Geschichte von Karl Benz ist eine Erzählung vom Triumph gegen alle Widrigkeiten, eine Erinnerung an die transformative Kraft von Vision und Entschlossenheit. Von seinen bescheidenen Anfängen auf den Straßen Mannheims bis zu seinem Platz in den Annalen der Geschichte steht der Motorwagen als Leuchtturm der Innovation, der die Menschheit in eine Zukunft katapultiert, in der die Entfernung kein Hindernis mehr ist, sondern ein Weg zu neuen Horizonten.

# Kapitel 2: Henry Ford – Der Fließbandpionier

Zu Beginn des 20. Jahrhunderts stand Amerika an der Schwelle zu einer Revolution, die seine Landschaft für immer neu definieren sollte. Im Zentrum dieses Wandels stand Henry Ford, ein Mann, dessen Name zum Synonym für Innovation, Entschlossenheit und die Demokratisierung des Automobils werden sollte. In diesem Kapitel wird die Geschichte erzählt, wie Ford die Automobilindustrie revolutionierte, indem es Massenproduktionstechniken einführte, insbesondere das Fließband, um Autos erschwinglich und für die breite Öffentlichkeit zugänglich zu machen.

**Der Visionär bei der Arbeit**

Henry Fords Reise begann mit einer einfachen, aber tiefen Überzeugung: Das Automobil sollte eine Ware sein, die für jedermann verfügbar ist, nicht nur ein Luxus für die wohlhabende Elite. Bei der Arbeit in seiner bescheidenen Werkstatt hörte man Ford oft zu seinen engsten Mitarbeitern sagen: "Ich werde ein Auto für die große Menge bauen. Es wird so billig sein, dass kein Mensch nicht mehr in der Lage sein wird, es zu besitzen."

Fords Vision war radikal und stellte die Normen der damaligen Zeit in Frage, in der Automobile handgefertigte Luxusgüter waren. Er versuchte nicht nur, das Produkt zu erneuern, sondern auch den Prozess seiner Entstehung zu revolutionieren. Dieser Ehrgeiz legte den Grundstein für die Entwicklung des Fließbands, ein Konzept, das zum

Eckpfeiler der modernen Fertigung werden sollte.

**Das Fließband: Eine Symphonie der Effizienz**

Die Einführung des Fließbandes durch Ford war geradezu revolutionär. Sie verwandelte den Herstellungsprozess in eine Symphonie aus Effizienz und Präzision. Die Teile wurden systematisch von einer Arbeitsstation zur nächsten bewegt, wobei jeder Arbeiter eine bestimmte Aufgabe ausführte. Diese Methode reduzierte die Zeit, die für den Bau eines Autos benötigt wurde, drastisch von mehr als 12 Stunden auf nur etwa 90 Minuten.

"Ich glaube an die Kraft des Fließbands", erklärte Ford und sah mit Stolz zu, wie das erste Model T vom Band lief. "Es geht nicht nur darum, Autos schneller zu machen; es geht darum, sie zugänglich zu machen und den Traum vom Autobesitz in jeden amerikanischen Haushalt zu bringen."

**Die Herausforderungen und Triumphe**

Fords Weg verlief nicht ohne Hürden. Die Umstellung auf die Fließbandproduktion erforderte eine komplette Überarbeitung der bestehenden Praktiken, die von vielen Seiten auf Widerstand stieß. Die Arbeiter kämpften mit der Monotonie und dem Tempo des Fließbands, was Ford dazu veranlasste, den 5-Dollar-Arbeitstag einzuführen, einen revolutionären Lohn, der den damaligen Standard verdoppelte, um die Moral und Produktivität aufrechtzuerhalten.

"Es reicht nicht aus, die Art und Weise zu ändern, wie wir Autos bauen. Wir müssen auch ändern, wie wir diejenigen behandeln, die sie herstellen", reflektierte Ford an sein Managementteam gerichtet. "Ein glücklicher Arbeiter ist das Rädchen, das dafür sorgt, dass die Maschine reibungslos läuft."

## Das Model T: Das Auto, das Amerika veränderte

Der Höhepunkt der Vision von Ford war das Model T, ein Fahrzeug, das Einfachheit, Zuverlässigkeit und Erschwinglichkeit verkörperte. Es war das erste Auto, das in Serie am Fließband hergestellt wurde, was es für die amerikanische Öffentlichkeit einem breiten Publikum zugänglich machte. "Ich werde ein Auto für die große Menge bauen", hatte Ford versprochen, und mit dem Model T löste er dieses Versprechen ein.

Die Auswirkungen des Model T und des Fließbandes waren tiefgreifend und veränderten nicht nur die Automobilindustrie, sondern die amerikanische Gesellschaft als Ganzes. Das Automobil wurde zu einem Symbol für Freiheit und Mobilität, beeinflusste die Wirtschaft und veränderte das Gefüge des amerikanischen Lebens.

## Vermächtnis eines Pioniers

Das Vermächtnis von Henry Ford beschränkt sich nicht nur auf die Fahrzeuge, die seinen Namen tragen, oder auf das Unternehmen, das er gegründet hat. Sie ist in das Narrativ der amerikanischen Innovation und des Fortschritts eingewoben. Ford hat gezeigt, dass es mit Vision, Beharrlichkeit und der Bereitschaft, den Status quo in Frage zu stellen, möglich ist, die Welt zu verändern.

Im Rückblick auf seine Errungenschaften bemerkte Ford einmal: "Zusammenkommen ist der Anfang. Zusammenbleiben ist ein Fortschritt. Zusammenarbeit ist ein Erfolg." Seine Geschichte ist ein Zeugnis für die transformative Kraft der Innovation, nicht nur bei der Entwicklung eines Produkts, sondern auch bei der Vision einer neuen Lebensweise. Henry Ford baute nicht nur Autos; Er schrieb Geschichte und leistete Pionierarbeit auf einem Weg des Fortschritts, der bis heute Generationen inspiriert.

# Kapitel 3: Enzo Ferrari – Die Kunst der Geschwindigkeit

Eingebettet im Herzen der italienischen Region Emilia-Romagna ist Modena eine Stadt, in der sich das Summen der Industrie mit der Leidenschaft für Geschwindigkeit verbindet. Hier, inmitten des Duftes frisch bestellter Erde und des alten Kopfsteinpflasters der Straßen, begab sich Enzo Ferrari auf eine Reise, um die legendärste Sportwagenmarke der Welt zu schaffen.

**Anfänge: Ein Traum nimmt Fahrt auf**

Die Geschichte von Enzo Ferrari ist eine Geschichte von bescheidenen Anfängen, geprägt von einer unersättlichen Leidenschaft für Autos und Geschwindigkeit. Enzo wurde 1898 geboren und seine Kindheit war geprägt von Geschichten von Helden und Maschinen, die ein Feuer in ihm entfachten, das nicht zu löschen war. "Eines Tages werde ich ein Auto erschaffen, das sie alle besiegen wird", erklärte der junge Enzo und seine Augen glänzten vor Entschlossenheit, als er die ersten Automobile am Haus der Familie vorbeirasen sah.

**Ein Mann und seine Mission**

Ferraris frühe Ausflüge in den Rennsport waren sowohl von Triumphen als auch von Tragödien geprägt. Das Dröhnen der Motoren und der Nervenkitzel der Geschwindigkeit standen der harten Realität von Gefahr und Verlust gegenüber. Diese Erfahrungen prägten Ferrari, schärften seine Entschlossenheit und schärften seine Vision. "Um ein großartiges Auto zu bauen, muss man Wissenschaft und Kunst verbinden", sinnierte Ferrari zu seinen engsten Vertrauten, und seine Worte spiegelten die Tiefe seines Ehrgeizes wider.

Die Straßen von Modena mit ihrem pulsierenden Treiben und ihrem historischen Charme dienten als Kulisse für Ferraris Unternehmungen. Hier, in einer bescheidenen Werkstatt, wurde der Grundstein für die Ferrari-Legende gelegt. Die Luft war dick vor Vorfreude, als Ferrari und sein Team unermüdlich arbeiteten und mit ihren Händen die Geschicke des italienischen Motorsports mitgestalteten.

**Die Geburt einer Legende**

Die Entwicklung des ersten Ferrari-Autos war ein entscheidender Moment, nicht nur für Enzo, sondern für die Welt des Automobilrennsports. Im Jahr 1947 rollte der Ferrari 125 S aus dem Werk, seine schlanken Linien und sein brüllender Motor waren ein Zeugnis der Vision von Ferrari. "Sie ist mehr als nur ein Auto; sie ist ein Kunstwerk, eine Symphonie der Geschwindigkeit", erklärte Enzo, als er die 125 S einem ehrfürchtigen Publikum vorstellte.

Die Rennstrecken Europas wurden zu den Etappen, auf denen die Ferrari-Legende aufgebaut wurde. Jeder Sieg, jeder gebrochene Rekord war ein Pinselstrich im Meisterwerk der Ferrari-Karriere. Doch es waren nicht nur die Triumphe, die ihn auszeichneten; Es war sein unnachgiebiges Streben nach Perfektion, der unermüdliche Drang, über die Grenzen des Möglichen hinauszugehen.

## Die Ferrari-Philosophie

Die Philosophie von Ferrari war einfach, aber tiefgründig: Autos zu schaffen, die in ihrer Schönheit und Leistung unübertroffen sind. "Ein Ferrari muss immer auffallen", sagte Enzo mit leidenschaftlicher Stimme. "Im Design, in der Performance, im Wesen seiner Seele." Diese Philosophie leitete jeden Aspekt der Arbeit von Ferrari, vom Zeichentisch bis zur Rennstrecke, und durchdrang jedes Auto mit dem Geist seines Schöpfers.

## Vermächtnis der Geschwindigkeit

Das Vermächtnis von Enzo Ferrari spiegelt sich nicht nur in den Autos wider, die seinen Namen tragen, sondern auch in dem Ethos, das er in die Welt des Motorsports eingebracht hat. Das Emblem des springenden Pferdes wurde zu einem Symbol für Exzellenz, zu einem Leuchtturm für alle, die Ferraris Leidenschaft für Geschwindigkeit und Schönheit teilen. "Ich habe meine Träume gelebt", reflektierte Enzo in seinen späten Jahren und blickte auf das Ferrari-Werk. "Aber der Traum endet nicht mit mir. Es ist eine Flamme, die hell brennen wird, weit in die Zukunft hinein."

Die Geschichte von Enzo Ferrari ist eine Geschichte von Leidenschaft, Vision und unbezwingbarem Geist. Es ist eine Reise durch das Herz Italiens an die Spitze des globalen Motorsports, ein Zeugnis für die Kraft der Träume und die Kunst der Geschwindigkeit. Durch das Vermächtnis von Ferrari rasen Enzos Träume weiterhin über die Rennstrecken und durch die Fantasie derer, die es wagen zu träumen.

# Kapitel 4: Soichiro Honda – Grenzen durchbrechen

In der sich wandelnden Landschaft des Nachkriegsjapans, vor dem Hintergrund des Aufschwungs und der Neuerfindung, entfaltete sich eine Geschichte von beispiellosem Ehrgeiz und Innovation. Diese Erzählung stammt von Soichiro Honda, einem Visionär, dessen Weg von einem bescheidenen Mechaniker zum Gründer eines globalen Kraftpakets den Geist des Überschreitens von Grenzen verkörperte. Die Odyssee von Honda revolutionierte nicht nur den Motorrad- und Automobilbau, sondern definierte auch neu, was in der Welt des Transports möglich war.

**Die Ursprünge eines Träumers**

Die Geschichte von Soichiro Honda begann in einem kleinen Dorf in Japan, wo das Flüstern der Zukunft vom Wind durch die Reisfelder getragen wurde und einen kleinen Jungen mit Träumen inspirierte, die größer waren als das Leben selbst. "Ich sehe diese Maschinen, und ich sehe die Freiheit", sagte ein junger Soichiro, den Blick auf die seltenen Autos gerichtet, die an seinem Elternhaus vorbeifuhren. Es war diese frühe Faszination für Mechanik und Bewegung, die die Saat für sein zukünftiges Reich legte.

**Der Mechaniker mit einer Mission**

Hondas erster Ausflug in die Welt der Mechanik war nicht als Anführer eines Automobilimperiums, sondern als bescheidener Mechaniker. Seine Werkstatt, eine Oase der

Innovation und harten Arbeit, wurde zum Schmelztiegel für seine ersten Experimente mit Motoren und Fahrzeugen. "Jede Maschine hat ihre Sprache", sagte Honda oft zu seinen Auszubildenden. "Höre zu, und es wird dir beibringen, wie du es zum Schweben bringst."

Trotz der Verwüstungen des Zweiten Weltkriegs sah Honda eine Chance, wieder aufzubauen und sich neu zu erfinden. Die Verknappung von Ressourcen wurde zu einem Katalysator für Innovationen und zwang Honda dazu, über traditionelle Grenzen hinaus zu denken. 1946 begann er mit der Produktion von motorisierten Fahrrädern und stattete die vom Krieg überschüssigen Benzinkanister mit kleinen Motoren aus. Diese einfachen Maschinen waren nicht nur Transportmittel; Sie waren Symbole der Hoffnung und der Mobilität, die Japan in Richtung Aufschwung und Wachstum führten.

**Die Geburt der Honda Motor Co.**

Die Gründung der Honda Motor Co., Ltd. im Jahr 1948 markierte den Beginn des Aufstiegs von Soichiro Honda in der globalen Automobilwelt. Mit einem unermüdlichen Fokus auf Innovation und Qualität wagte sich Honda in die Motorradindustrie, entschlossen, sich einen Namen zu machen. "Wir werden Produkte bauen, die nicht nur in Japan, sondern auf der ganzen Welt die besten sind", verkündete Honda und setzte damit einen hohen Maßstab für sein junges Unternehmen.

Die Einführung des Honda Cub im Jahr 1958 brach Rekorde und Erwartungen gleichermaßen und wurde zum meistproduzierten Kraftfahrzeug der Geschichte. Seine

Einfachheit, Zuverlässigkeit und Erschwinglichkeit fingen die Essenz der Honda-Philosophie ein und verkörperten die Verschmelzung von Form und Funktion. "Die Cub ist nicht nur ein Motorrad; es ist die Verkörperung von Bequemlichkeit und Freiheit", behauptete Honda, und sein Stolz war offensichtlich, als die Cub zu einem globalen Phänomen wurde.

**Horizonte erweitern: Der automobile Traum**

Hondas Ambitionen beschränkten sich nicht nur auf zwei Räder. Der Traum vom Automobilbau schwebte in seinem Kopf, eine Herausforderung, die er unbedingt annehmen wollte. Im Jahr 1963 brachte Honda den Mini-Truck T360 auf den Markt und markierte damit seinen Vorstoß in die Automobilindustrie, gefolgt von der Veröffentlichung des Sportwagens S500. Diese Fahrzeuge waren Zeugnisse von Hondas Engagement für Exzellenz und Innovation, die schlankes Design mit technischer Präzision kombinierten.

"Die Freude am Schaffen ohne Angst", sagte Honda, "ist die Essenz der Erfindung." Dieses Ethos veranlasste Honda Motor Co., Grenzen in der Automobiltechnologie zu sprengen, von der Entwicklung des CVCC-Motors, der die US-Emissionsnormen ohne Katalysator erfüllte, bis hin zur Etablierung der Luxusmarke Acura im Jahr 1986.

**Vermächtnis eines Grenzbrechers**

Soichiro Hondas Vermächtnis ist nicht nur das globale Unternehmen, das seinen Namen trägt, sondern auch die unauslöschlichen Spuren, die er in der Automobilindustrie und der Welt hinterlassen hat. Sein Weg vom Mechaniker zum Gründer eines Pionierunternehmens verkörpert die Essenz der Innovation und den Geist der Widerstandsfähigkeit.

Im Rückblick auf sein Lebenswerk bemerkte Honda: "Erfolg ist zu 99 % Scheitern." Es war diese Akzeptanz des Scheiterns als Sprungbrett zum Erfolg, die seine Herangehensweise an Geschäft und Leben definierte. Die Geschichte von Honda ist eine eindringliche Erinnerung daran, dass Grenzen dazu da sind, durchbrochen zu werden, dass mit Entschlossenheit und Innovation selbst die ehrgeizigsten Träume verwirklicht werden können. Durch sein Vermächtnis inspiriert Soichiro Honda weiterhin Generationen, große Träume zu haben und es zu wagen, den Status quo zu durchbrechen.

# Kapitel 5: Ferruccio Lamborghini – Der Luxus-Rebell

In den Annalen der Automobilgeschichte gibt es nur wenige Geschichten, die so fesselnd sind wie die von Ferruccio Lamborghini, dem Luxusrebellen, der es wagte, den Status quo in Frage zu stellen. Geboren in der rustikalen Ruhe der italienischen Agrarlandschaft, ist Lamborghinis Weg von einem Traktorenhersteller zu einem Titanen der Luxussportwagenproduktion ein Beweis für die Kraft der Vision, des Ehrgeizes und des schieren Trotzes.

**Vom Feld auf die Überholspur**

Die Geschichte von Ferruccio Lamborghini begann inmitten der Weinberge und Weizenfelder von Cento, Italien, wo seine Faszination für Motoren zum ersten Mal Wurzeln schlug. Im Gegensatz zu den edlen Rössern und Arbeitspferden, die das Land bestellten, fühlte sich Lamborghini von den mechanischen Biestern der Zukunft angezogen. "In Maschinen steckt eine Kraft, eine Brillanz", sinnierte Lamborghini, während seine Hände mit den Beweisen seiner frühen mechanischen Experimente bedeckt waren. Diese Leidenschaft für die Technik brachte ihn von der Landwirtschaft an die Spitze der industriellen Innovation und gründete 1948 Lamborghini Trattori, ein Unternehmen, das zum Synonym für hochwertige Landmaschinen werden sollte.

**Eine Rivalität, die aus Unzufriedenheit geboren wurde**

Der Schwenk von Traktoren zu Luxussportwagen wurde

durch Lamborghinis eigene Erfahrungen als Verbraucher vorangetrieben. Nachdem Lamborghini mit seinem Traktorengeschäft erfolgreich war, frönte er seiner Leidenschaft für Autos und trug eine Sammlung zusammen, die mehrere Ferraris umfasste. Er empfand Ferraris jedoch als laut, unbequem und unzuverlässig für den täglichen Gebrauch und verglich sie eher mit umfunktionierten Rennwagen als mit Luxusfahrzeugen.

Die Legende besagt, dass Lamborghinis Entscheidung, ein eigenes Auto zu entwickeln, nach einer persönlichen Konfrontation mit Enzo Ferrari fiel. Lamborghini hatte Verbesserungen vorgeschlagen, um die Autos von Ferrari benutzerfreundlicher zu machen. Enzos angebliche Reaktion, in der er den Hintergrund von Lamborghini im Traktorenbau abtat, entfachte bei Ferruccio eine heftige Entschlossenheit. "Ich beschloss, das perfekte Auto zu bauen", erzählte Lamborghini und bereitete mit seiner Entschlossenheit den Grundstein für eine epische automobile Rivalität.

**Die Erstellung eines Symbols**

Im Jahr 1963 wurde Automobili Lamborghini gegründet, mit dem ausdrücklichen Ziel, hochwertige Grand-Touring-Autos zu produzieren. Das Debütmodell des Unternehmens, der Lamborghini 350 GT, übertraf die Erwartungen und verband raffinierte Eleganz mit roher Kraft. Aber es war der Miura, der 1966 auf den Markt kam, der die Luxussportwagenindustrie wirklich revolutionierte. Mit seinem Design des hinteren Mittelmotors und seiner atemberaubenden Leistung war der Miura eine Symphonie aus Geschwindigkeit und Stil, die Ferraris Dominanz herausforderte und Lamborghinis Ruf als Innovator festigte.

"Der Miura war mehr als ein Auto; es war eine Erklärung", sagte Lamborghini über das Fahrzeug, das seine Vision verkörperte. "Es war der Beweis dafür, dass Luxus keine Kompromisse bei der Leistung und Schönheit bei der Agilität eingehen muss."

## Das Vermächtnis des Luxus-Rebellen

Lamborghinis Vorstoß in den Automobilbau war geprägt von einem unnachgiebigen Streben nach Exzellenz und einem Hang zur Rebellion. Seine Autos waren Statements von Luxus und Trotz, jedes Modell gewagter als das andere, vom aggressiven Antlitz des Countach bis zum futuristischen Charme des Diablo.
Das Vermächtnis von Ferruccio Lamborghini geht jedoch über die Fahrzeuge hinaus, die seinen Namen tragen. Es liegt in der Kühnheit, Giganten herauszufordern, persönliche Missstände in Katalysatoren für Innovationen zu verwandeln und die Landschaft der Luxussportwagen für immer zu verändern. "Ich habe nie versucht, etwas zu schaffen, das mit anderen konkurrieren kann", reflektierte Lamborghini in seinen späteren Jahren. "Ich wollte etwas Unschlagbares, Unvergessliches schaffen."

Die Geschichte von Ferruccio Lamborghini ist eine lebendige Erinnerung daran, dass Rebellion, wenn sie von Leidenschaft und Vision angetrieben wird, zu außergewöhnlichen Errungenschaften führen kann. Seine Reise von den pastoralen Feldern Italiens an die Spitze des automobilen Luxus ist ein Zeugnis für die anhaltende Anziehungskraft des Träumers, des Außenseiters, des

Luxusrebellen, der es wagte, sich eine andere Art von Geschwindigkeit, eine neue Dimension des Luxus vorzustellen.

# Kapitel 6: Elon Musk – Revolutionierung von Elektroautos

Zu Beginn des 21. Jahrhunderts, als die Welt mit dem drohenden Gespenst des Klimawandels und dem nicht nachhaltigen Verbrauch fossiler Brennstoffe zu kämpfen hatte, tauchte ein visionärer Unternehmer mit einer kühnen Mission auf. Elon Musk, bekannt für seine kühnen Unternehmungen in den Bereichen Technologie und Weltraumforschung, richtete seinen Blick auf eine Branche, die reif für eine Revolution ist: den Automobilsektor.

**Ein Funke Inspiration**

Elon Musks Vorstoß in die Elektrofahrzeugindustrie wurde von der Überzeugung angetrieben, dass die Zukunft des Transports in der Nachhaltigkeit liegt. Im Zuge des 21. Jahrhunderts, als Elektroautos weitgehend als unpraktische Neuheiten abgetan wurden, sah Musk das Potenzial für tiefgreifende Veränderungen. "Die Zukunft ist elektrisch", behauptete Musk in den frühen Tagen von Tesla, eine Aussage, die mit der Kühnheit und dem Optimismus übereinstimmte, die seinen Ansatz zum Unternehmertum kennzeichneten.

**Gründung von Tesla: Ein mutiger Schritt**

Tesla Motors (später Tesla, Inc.) wurde 2003 nicht von Musk selbst, sondern von Martin Eberhard und Marc Tarpenning gegründet. Es war jedoch das frühe Engagement und die erheblichen Investitionen von Musk, die zum Katalysator für die ehrgeizigen Ziele von Tesla wurden. Musks Vision für

Tesla war klar und überzeugend: Er sollte beweisen, dass Elektrofahrzeuge benzinbetriebene Autos in jeder Hinsicht übertreffen können, von der Leistung bis zur Umweltverträglichkeit.

**Der Roadster: Barrieren durchbrechen**

Teslas erstes Fahrzeug, der Roadster, der 2008 auf den Markt kam, zerschlug die vorherrschenden Klischees über Elektroautos. Mit einer Reichweite von über 200 Meilen mit einer einzigen Ladung und einer Beschleunigung von 0 auf 60 Meilen pro Stunde in weniger als 4 Sekunden war der Roadster eine Offenbarung. "Es geht nicht nur darum, ein Elektroauto zu bauen", erklärte Musk. "Es geht darum, das beste Auto zu bauen." Der Erfolg des Roadsters war ein Beweis für die innovative Batterietechnologie und das Design von Tesla und bereitete den Weg für eine neue Ära in der Automobilgeschichte.

**Skalieren nach oben: Das Model S und darüber hinaus**

Mit dem Grundstein, den der Roadster legte, erweiterte Tesla sein Angebot um das Model S, eine Luxuslimousine, die die Grenzen der Elektrofahrzeugtechnologie erneut erweiterte. Das 2012 eingeführte Model S verfügte über eine beispiellose Reichweite, modernste Autopilot-Funktionen und ein schlankes Design, das ihm die Auszeichnung als eines der besten Autos der Welt einbrachte, egal ob elektrisch oder nicht.

Die nachfolgenden Modelle von Tesla, darunter das SUV Model X und das günstigere Model 3, verdeutlichen Musks Engagement, Elektrofahrzeuge einem breiteren Publikum zugänglich zu machen. "Unser Ziel war es nie, Luxusautos für einige wenige zu schaffen", bemerkte Musk. "Es sollte einen Wandel in der gesamten Branche hin zu nachhaltiger Energie anstoßen."

**Die Mission geht weiter**

Der Einfluss von Elon Musk auf die Automobilindustrie geht über die Fahrzeuge hinaus, die Tesla produziert. Sein Eintreten für Elektromobilität und erneuerbare Energien hat traditionelle Automobilhersteller dazu angespornt, ihre eigenen EV-Programme zu beschleunigen und so zu einem globalen Wandel hin zu saubereren, nachhaltigeren Mobilitätslösungen beizutragen.

Teslas Expansion in den Bereich Energiespeicherung und Solartechnologie steht im Einklang mit Musks umfassenderer Vision einer Welt, die von erneuerbaren Energien angetrieben wird. "Tesla ist nicht nur ein Autohersteller", hat Musk oft gesagt. "Es ist ein Unternehmen für Energieinnovationen."

**Vermächtnis der Innovation**

Die Reise von Elon Musk mit Tesla steht für mehr als eine Reihe bemerkenswerter technologischer Errungenschaften. Es verkörpert die Kraft des Weitblicks und der Beharrlichkeit angesichts von Skepsis und Herausforderungen. Durch Tesla hat Musk nicht nur die Elektrofahrzeugindustrie revolutioniert, sondern auch ein Umdenken darüber angeregt, was auf dem Weg zu einer nachhaltigen Zukunft möglich ist.

Mit Blick auf die Auswirkungen von Tesla stellt sich Musk eine Welt vor, in der Elektroautos die Norm und nicht die Ausnahme sind. "Das ist erst der Anfang", versichert er. "Die Revolution im Bereich der nachhaltigen Energie ist unvermeidlich, und Tesla ist führend."

Elon Musks Geschichte mit Tesla unterstreicht das transformative Potenzial von visionärer Führung und Innovation bei der Bewältigung einiger der drängendsten Herausforderungen der Welt. Es ist eine lebendige Erinnerung daran, dass der Weg zur Revolutionierung von Industrien und zur Förderung der Nachhaltigkeit mit Beharrlichkeit, Innovation und dem unerschütterlichen Glauben an die Möglichkeit einer besseren Zukunft gepflastert ist.

# Kapitel 7: Colin Chapman – Innovative Leichtigkeit

Im Pantheon des Automobil- und Rennsportdesigns leuchten nur wenige Namen so hell wie der von Colin Chapman, dem Gründer von Lotus Cars. Seine Philosophie "Vereinfachen, dann Leichtigkeit hinzufügen" revolutionierte nicht nur die Rennwelt, sondern hatte auch einen tiefgreifenden Einfluss auf das Automobildesign insgesamt.

**Die Entstehung des Genies**

Colin Chapmans Reise in die Welt des Automobilbaus begann in den Nachkriegsjahren des 20. Jahrhunderts, einer Zeit, in der Großbritannien voller Innovationen war und die Rennszene aufblühte. Von frühester Kindheit an zeigte Chapman eine natürliche Begabung für Technik und eine Leidenschaft für Geschwindigkeit. "Um schnell zu sein, um zu gewinnen, musst du leicht sein", sagte Chapman oft, ein Mantra, das seine Karriere und sein Vermächtnis bestimmen sollte.

**Die Grundlagen von Lotus**

Im Jahr 1952 gründete Chapman Lotus Cars, ein Unternehmen, das zum Synonym für technische Exzellenz und Innovation im Rennsport werden sollte. Von Anfang an war Chapmans Ansatz radikal; Er vermied die vorherrschende Weisheit, die Kraft mit Leistung gleichsetzte, und konzentrierte sich stattdessen auf die Gewichtsreduzierung, um Beweglichkeit und Geschwindigkeit zu verbessern. Seine frühen Entwürfe, die sich durch ihren minimalistischen Ansatz und die Verwendung innovativer Materialien auszeichneten, hoben Lotus schnell auf der Rennstrecke hervor.

## Das Streben nach Leichtigkeit

Chapmans Besessenheit von Leichtigkeit bestand nicht nur darin, unnötige Teile zu entfernen, sondern in einem ganzheitlichen Ansatz für Design und Technik. Er leistete Pionierarbeit bei der Verwendung von Materialien wie Aluminium und Glasfaser, die leichter und dennoch stark genug waren, um den Strapazen des Rennsports standzuhalten. Chapman hat auch das Monocoque-Chassis-Design innoviert, das das Gewicht erheblich reduziert und gleichzeitig die strukturelle Steifigkeit erhöht – ein Konzept, das sowohl bei Renn- als auch bei Konsumfahrzeugen zum Grundnahrungsmittel werden sollte.

## Die Strecke dominieren

Der Einfluss von Chapmans Designphilosophie zeigte sich am deutlichsten in der Dominanz von Lotus in der Formel 1 und anderen Renndisziplinen in den 1960er und 70er Jahren. Autos wie der Lotus 25 und der Lotus 49 waren nicht nur Wunderwerke der Technik; Sie waren ein Beweis für Chapmans Glauben an die Synergie zwischen Fahrer, Maschine und Straße. "Ein Rennwagen hat nur ein Ziel: zu gewinnen", behauptete Chapman. Und um zu gewinnen, muss es leicht sein."

## Innovation über den Rennsport hinaus

Chapmans Innovationen beschränkten sich nicht nur auf die

Rennstrecke. Die Lotus-Straßenfahrzeuge, einschließlich des legendären Lotus Elan, verkörperten seine Philosophie von Leichtigkeit und Leistung und brachten den Nervenkitzel des Rennsports auf die öffentlichen Straßen. Diese Fahrzeuge waren nicht nur schnell; Sie waren wendig, effizient und aufregend zu fahren und fingen die Essenz von Chapmans Design-Ethos ein.

**Das Vermächtnis der Leichtigkeit**

Colin Chapmans Beiträge zum Automobil- und Rennsportdesign gehen weit über die Autos hinaus, die das Lotus-Emblem trugen. Seine Philosophie der Vereinfachung und Leichtigkeit veränderte die Herangehensweise der Branche an das Fahrzeugdesign und beeinflusste Generationen von Ingenieuren und Designern. "Wenn du mehr Leistung hinzufügst, bist du auf den Geraden schneller. Wenn man Gewicht abzieht, ist man überall schneller", bemerkte Chapman, eine Aussage, die seinen anhaltenden Einfluss auf die Automobilwelt zusammenfasst.

**Nachdenken über Innovation**

Das Vermächtnis von Colin Chapman ist ein Zeugnis für die Kraft des innovativen Denkens und das unermüdliche Streben nach Perfektion. Durch seine Arbeit bei Lotus hat Chapman nicht nur die Grenzen des Automobildesigns verschoben, sondern auch eine Innovationskultur angeregt, die bis heute anhält. Seine Philosophie der Leichtigkeit, die von Rennteams und Automobilherstellern weltweit übernommen wird, ist nach wie vor ein Leitprinzip im Streben nach Geschwindigkeit und Leistung.

Colin Chapmans Geschichte dreht sich nicht nur um die Autos, die er geschaffen hat; Es geht um eine Vision, die Konventionen in Frage stellt und die Automobillandschaft verändert. Mit seiner innovativen Leichtigkeit definierte Chapman neu, was möglich war, und hinterließ einen unauslöschlichen Eindruck in der Welt des Rennsports und darüber hinaus, ein Vermächtnis von Brillanz, Innovation und dem unermüdlichen Streben nach Exzellenz.

# Kapitel 8: Ferdinand Porsche – Ein Vermächtnis der Präzision

Die Automobilwelt verdankt einen Großteil ihrer Fortschritte Visionären, die es wagten, die Grenzen von Design und Technik neu zu definieren. Unter diesen Pionieren ist das Vermächtnis von Ferdinand Porsche ein Zeugnis für ein Leben, das der automobilen Innovation und Exzellenz gewidmet war.

**Der visionäre Ingenieur**

Ferdinand Porsches Reise begann im späten 19. Jahrhundert in der österreichisch-ungarischen Monarchie, wo seine frühe Faszination für Elektrizität und Mechanik den Grundstein für eine bemerkenswerte Karriere im Automobilbau legte. Der Innovationsgeist von Porsche zeigte sich schon bei seinen frühesten Entwürfen, die technisches Können mit visionärer Weitsicht verbanden. "Ich konnte den Sportwagen meiner Träume nicht finden, also habe ich ihn selbst gebaut", sagte Porsche und brachte damit seine Philosophie auf den Punkt, die Grenzen des Möglichen zu erweitern.

**Das Volksauto: Die Entstehung des Volkswagen Käfers**

Die Geschichte des Volkswagen Käfers beginnt in den 1930er Jahren, als Porsche ein ehrgeiziges Projekt entwickelte, ein Auto für die Massen zu entwerfen. Im Auftrag von Adolf Hitler, ein "Volksauto" (Volkswagen) zu entwickeln, machte sich Porsche daran, ein Fahrzeug zu entwerfen, das erschwinglich, zuverlässig und für die durchschnittliche deutsche Familie zugänglich war. Das

Ergebnis war der Volkswagen Käfer, ein Auto mit einer markanten abgerundeten Form, einem Heckmotor und luftgekühlter Zuverlässigkeit, das die Herzen von Millionen Menschen auf der ganzen Welt erobern sollte.

Porsches Design für den Käfer war revolutionär und legte Wert auf Einfachheit und Funktionalität. Seine einzigartige Ästhetik und mechanische Zuverlässigkeit machten ihn sofort zu einem Klassiker, der für das Engagement von Porsche für Exzellenz und Innovation steht. Der Erfolg des Käfers legte den Grundstein für den Aufstieg von Volkswagen zum globalen Automobilkonzern und unterstrich die Genialität von Porsche im Fahrzeugdesign.

**Gründung von Porsche: Ein Vermächtnis der Höchstleistung**

1948 gründeten Ferdinand Porsche und sein Sohn Ferry Porsche die Porsche AG und begannen damit ein neues Kapitel in der Automobilgeschichte. Das erste Auto des Unternehmens, der Porsche 356, war eine Meisterklasse in Sachen Performance Engineering, mit seinem Leichtbau und seinem außergewöhnlichen Fahrverhalten, die zu Markenzeichen der Marke Porsche werden sollten.

Unter der Leitung von Ferdinand Porsche erwarb sich die Porsche AG einen Ruf für Präzisionstechnik und Spitzenleistungen. Das Rennsporterbe der Marke, das durch Modelle wie den 550 Spyder und den legendären 911 verkörpert wird, spiegelt die Porsche-Philosophie der kontinuierlichen Verbesserung und Innovation wider.

**Das Porsche-Prinzip: Engineering Excellence**

Porsches Beiträge zum Automobilbau gingen über seine

Kreationen hinaus. Seine Designprinzipien, die sich auf Effizienz, Zuverlässigkeit und Leistung konzentrieren, haben Generationen von Ingenieuren und Designern beeinflusst. Das "Porsche-Prinzip" – die Überzeugung, dass die Form der Funktion folgen muss – ist in jedem Fahrzeug spürbar, das das Porsche-Wappen trägt.

Das Vermächtnis von Ferdinand Porsche findet sich nicht nur in den von ihm geschaffenen Fahrzeugen, sondern auch im fortwährenden Ethos der Porsche AG. Sein Engagement für technische Exzellenz und Innovation etablierte Porsche als Vorbild für automobiles Handwerk, das für seine Präzision, Leistung und sein unvergleichliches Fahrerlebnis gefeiert wird.

**Reflexionen über ein Vermächtnis**

Ferdinand Porsches Einfluss auf die Automobilindustrie hallt weit über die Spezifikationen der von ihm entworfenen Fahrzeuge hinaus. Seine Vision für den Volkswagen Käfer demokratisierte den Besitz eines Automobils, während die Gründung der Porsche AG die Grenzen der Sportwagenleistung auslotete. Die Arbeit von Porsche ist ein Beispiel für ein Vermächtnis der Präzision, ein Zeugnis für ein Leben, das dem Streben nach automobiler Perfektion gewidmet war.

Wenn man über die Beiträge von Porsche nachdenkt, erkennt die Automobilwelt nicht nur die technischen Errungenschaften eines begnadeten Ingenieurs an, sondern auch den anhaltenden Innovationsgeist, der immer wieder inspiriert. Ferdinand Porsches Weg vom visionären Designer zum Gründer einer der ikonischsten Marken der

Automobilgeschichte ist eine Erinnerung daran, dass das Streben nach Exzellenz der Motor des Fortschritts ist.

# Kapitel 9: Lee Iacocca – Das Comeback-Kind

Lee Iacoccas Geschichte ist eine Geschichte von Kühnheit, Vision und unbeugsamem Willen, was ihn zu einer herausragenden Figur in der Erzählung des amerikanischen industriellen Einfallsreichtums macht. Sein Weg vom Sohn italienischer Einwanderer an die Spitze der Automobilindustrie ist ein Beweis für die Kraft von Widerstandsfähigkeit und Innovation. Iacoccas Karriere, die von der Entwicklung des Mustang und der Wiederbelebung von Chrysler geprägt war, verdeutlicht einen tiefgreifenden Einfluss auf die amerikanische Automobillandschaft und verkörpert die Essenz eines echten Comebacks.

**Die Entstehungsgeschichte des Mustang**

Lee Iacoccas Amtszeit bei der Ford Motor Company in den 1960er Jahren war geprägt von einem ausgeprägten Verständnis für die Wünsche der amerikanischen Verbraucher. Iacocca erkannte eine Marktlücke für ein sportliches und dennoch erschwingliches Auto, das den aufstrebenden Jugendmarkt ansprechen könnte, und stellte sich den Mustang vor. Das Konzept war einfach: Es sollte ein Auto geschaffen werden, das an die Vorlieben des Käufers angepasst werden konnte, von einem einfachen Familienauto bis hin zu einem Hochleistungssportfahrzeug.

Die Markteinführung des Mustang im April 1964 war ein beispielloser Erfolg, der die Autoindustrie revolutionierte und ein kulturelles Phänomen schuf. Allein im ersten Jahr wurden über 400.000 Einheiten verkauft, was die

Verkaufsprognosen zunichte machte und den Mustang in der amerikanischen Psyche verankerte. "Der Mustang ist ein Auto, das Freiheit und Freude am Fahren symbolisiert", erklärt Iacocca und unterstreicht seine Anziehungskraft. Der Erfolg des Mustang katapultierte Iacocca zu nationalem Ruhm, bereitete die Bühne für seine zukünftigen Unternehmungen und begründete seinen Ruf als Automobil-Innovator.

**Chrysler vor dem Abgrund bewahren**

Die wahre Bewährungsprobe für Iacoccas Führungsqualitäten und Visionen kam mit seinem Wechsel zur Chrysler Corporation in den späten 1970er Jahren. Zu dieser Zeit stand Chrysler vor einer existenziellen Krise, belastet von finanziellen Problemen, einem angeschlagenen Ruf und einer wenig inspirierenden Produktpalette. Iacoccas Entscheidung, zu Chrysler zu wechseln, wurde von dem Wunsch motiviert, eine Herausforderung zu bewältigen, die viele für unmöglich hielten: das Unternehmen vor dem Bankrott zu retten.

Eine der ersten Amtshandlungen von Iacocca als CEO bestand darin, eine Kreditgarantie in Höhe von 1,5 Milliarden Dollar von der US-Regierung zu erhalten, ein Schritt, der erforderte, den Kongress und die amerikanische Öffentlichkeit von der Rentabilität von Chrysler zu überzeugen. Iacoccas Überzeugungskraft und ihr Engagement waren dabei von entscheidender Bedeutung. "Wir bitten nicht um ein Almosen; wir bitten um eine Chance auf das Überleben", sagte Iacocca leidenschaftlich vor dem Kongress aus und verkörperte die Rolle eines Führers, der für die Zukunft seines Unternehmens kämpft.

Mit den Kreditgarantien leitete Iacocca eine umfassende Umstrukturierung von Chrysler ein. Dazu gehörten erhebliche Kostensenkungsmaßnahmen, Verhandlungen über Zugeständnisse mit den Gewerkschaften und die Einführung einer neuen Fahrzeugpalette. Darunter befand sich der innovative Chrysler Minivan, der den Automobilmarkt revolutionierte, ein völlig neues Segment schuf und in den 1980er Jahren zu einem Symbol des amerikanischen Vorstadtlebens wurde.

**Die nachhaltige Wirkung von Iacocca**

Neben seinen direkten Beiträgen zu Ford und Chrysler erstreckte sich Lee Iacoccas Einfluss auch auf sein Eintreten für die amerikanische Fertigung und seinen visionären Führungsansatz. Iacocca war ein produktiver Autor, der seine Führungsprinzipien teilte, die die Bedeutung von harter Arbeit, Innovation und dem Mut zum Eingehen kalkulierter Risiken betonten.

Sein philanthropisches Engagement, insbesondere in den Bereichen der Diabetesforschung und der Restaurierung der Freiheitsstatue und von Ellis Island, spiegelte seinen tiefen Glauben wider, dem Land, das ihm immense Möglichkeiten geboten hatte, etwas zurückzugeben.

Im Rückblick auf seine Karriere sprach Iacocca oft über die Bedeutung von Resilienz und erklärte: "Die Fähigkeit, in Zeiten intensiven Stresses positive Emotionen hervorzurufen, ist das Herzstück einer effektiven Führung." Seine Amtszeit ist eine eindrucksvolle Fallstudie darüber, wie man durch Krisen führt, sich an Veränderungen anpasst und Organisationen in eine erfolgreiche Zukunft führt.

Lee Iacoccas Vermächtnis in der Automobilindustrie und darüber hinaus ist geprägt von seinem transformativen Einfluss auf zwei der bekanntesten Automobilhersteller Amerikas. Die Lebensgeschichte von Iacocca, die als "The Comeback Kid" bekannt ist, ist ein Zeugnis für die anhaltenden Qualitäten von Führungsqualitäten, Visionen und das unermüdliche Streben nach Exzellenz. Durch seine Beiträge rettete Iacocca nicht nur einen Branchenriesen vor dem Zusammenbruch, sondern inspirierte auch Generationen von Führungskräften in allen Bereichen der Wirtschaft und des öffentlichen Lebens.

# Kapitel 10: Ralph Nader – Verfechter der Automobilsicherheit

In der Landschaft der Automobilgeschichte, die von Geschichten über technische Wunder und visionäre Führungskräfte dominiert wird, steht eine Figur, deren Einfluss die Branche von außen neu geprägt hat. Ralph Nader, ein unermüdlicher Verfechter von Verbraucherrechten und -sicherheit, veränderte die Beziehung der Öffentlichkeit zum Automobil für immer. Sein Kreuzzug für Reformen der Automobilsicherheit führte nicht nur zu bahnbrechenden Gesetzen, sondern katalysierte auch einen kulturellen Wandel hin zu einer Priorisierung des Wohlbefindens von Fahrern und Passagieren.

**Der Kreuzritter taucht auf**

Ralph Nader betrat 1965 mit der Veröffentlichung seines bahnbrechenden Werks "Unsafe at Any Speed: The Designed-In Dangers of the American Automobile" die nationale Bühne. Das Buch war eine vernichtende Kritik an den laxen Sicherheitsstandards der Automobilindustrie und konzentrierte sich insbesondere auf die Konstruktionsfehler des Chevrolet Corvair, die sinnbildlich für die Vernachlässigung der Industrie im Allgemeinen sind. Naders akribische Recherchen und seine überzeugende Erzählung rüttelten die öffentliche Meinung auf und katapultierten die Automobilsicherheit in das nationale Bewusstsein.

"Unsicher bei jeder Geschwindigkeit" ging über die Kritik an bestimmten Fahrzeugen hinaus; Sie stellte das Ethos einer

Industrie in Frage, die Ästhetik, Macht und Profit über menschliches Leben stellte. "Das Automobil ist zum mechanischen Frankenstein unserer Zeit geworden", erklärte Nader und forderte eine Neubewertung der Werte, die das Automobildesign und -marketing antreiben.

**Legislative Meilensteine**

Die Wirkung von Naders Fürsprache war schnell und tiefgreifend. Seine Aussage vor dem Kongress und der wachsende öffentliche Aufschrei nach sichereren Autos führten 1966 zur Verabschiedung des National Traffic and Motor Vehicle Safety Act. Dieses wegweisende Gesetz legte verbindliche Sicherheitsstandards für Pkw und Lkw in den Vereinigten Staaten fest und bereitete damit die Voraussetzungen für zukünftige Reformen.

Naders Arbeit führte auch zur Gründung der National Highway Traffic Safety Administration (NHTSA), einer Behörde, die mit der Durchsetzung von Fahrzeugleistungsstandards und der Förderung der Verkehrssicherheit beauftragt ist. Durch diese und andere Maßnahmen legte Naders Aktivismus den Grundstein für bedeutende Fortschritte in der Automobilsicherheit, von der Gurtpflicht bis hin zu Crashtests und darüber hinaus.

**Ein Vermächtnis der Interessenvertretung**

Ralph Naders Einfluss reichte über den Bereich der Automobilsicherheit hinaus. Er wurde zu einem Symbol der breiteren Verbraucherschutzbewegung und setzte sich für Transparenz, Rechenschaftspflicht und die Rechte des Einzelnen angesichts der Macht der Konzerne ein. Naders

Ansatz des Aktivismus – eine Kombination aus rigoroser Forschung, öffentlicher Aufklärung und juristischem Handeln – hat Generationen von Verbraucherschützern und Anwälten des öffentlichen Interesses inspiriert.

Trotz heftiger Kritik und rechtlicher Anfechtungen durch die Automobilindustrie blieb Nader unerschütterlich in seinem Engagement für Sicherheit und Verbraucherrechte. Sein Vermächtnis zeigt sich in den Millionen von Menschenleben, die durch Innovationen in der Automobilsicherheit gerettet wurden, und in den strengeren regulatorischen Rahmenbedingungen, die die Branche regeln.

**Über die Auswirkungen nachdenken**

Heute sind die Prinzipien, für die sich Ralph Nader einsetzte, ein wesentlicher Bestandteil der Automobilindustrie. Sicherheit ist nicht mehr zweitrangig, sondern ein Eckpfeiler des Fahrzeugdesigns und der Vermarktung. Moderne Autos sind mit fortschrittlichen Sicherheitsmerkmalen ausgestattet, die einst unvorstellbar waren, von Airbags bis hin zur elektronischen Stabilitätskontrolle, von denen ein Großteil auf Naders frühen Kreuzzug zurückgeht.
Mit Blick auf seinen Einfluss betont Nader, dass angesichts neuer Herausforderungen, einschließlich der Zunahme autonomer Fahrzeuge und der Umweltauswirkungen von Automobilemissionen, weiterhin Wachsamkeit geboten ist. "Der Kampf für sicherere, verantwortungsvollere Autos ist nie vorbei", bekräftigt Nader und unterstreicht die ständige Notwendigkeit der Interessenvertretung im Streben nach Fortschritt.

Ralph Naders Rolle als Verfechter der Automobilsicherheit

zeigt, wie wichtig entschlossene Interessenvertretung ist, um einen systemischen Wandel herbeizuführen. Sein Vermächtnis ist eine sicherere Automobillandschaft, ein Zeugnis für den Glauben, dass Engagement für eine Sache selbst die größten Widerstände überwinden kann. Durch seine Bemühungen rettete Nader nicht nur unzählige Leben, sondern veränderte auch die gesellschaftliche Erwartung, dass Fahrzeuge so konstruiert werden sollten, dass die Sicherheit ihrer Insassen an erster Stelle steht.

# Kapitel 11: Adrian Newey – Das Design-Genie der Formel 1

In der hochoktanigen Welt der Formel 1, in der technische Brillanz mit dem unerbittlichen Streben nach Geschwindigkeit zusammentrifft, hat sich Adrian Newey zu einem Titanen des Automobildesigns entwickelt. Newey, der für seine innovativen Ansätze in der Aerodynamik und seine beispiellosen Erfolge in mehreren Rennteams bekannt ist, verkörpert die Verschmelzung von Kunst und Wissenschaft, die die Spitze des Motorsports ausmacht.

**Das Wunderkind der Leistung**

Adrian Neweys Reise in den Motorsport begann an der University of Southampton, wo er Luft- und Raumfahrt studierte. Aus diesen akademischen Wurzeln erwuchs die Leidenschaft für die Anwendung aerodynamischer Prinzipien auf Rennwagen, ein Streben, das seine Karriere bestimmen sollte. Neweys frühe Arbeit in der Formel 1 mit Teams wie Williams, McLaren und später Red Bull Racing zeigte nicht nur sein tiefes Verständnis für die Aerodynamik, sondern auch seine Fähigkeit, innerhalb des strengen Reglements des Sports innovativ zu sein.

"Man muss immer die Grenzen des Möglichen verschieben", bemerkte Newey oft und spiegelte damit sein Ethos der ständigen Innovation wider. Bei seinen Entwürfen ging es nicht nur um die Erhöhung der Geschwindigkeit, sondern um die Optimierung jedes Aspekts der Leistung, vom Handling bis zur Effizienz, und verkörperte einen ganzheitlichen Ansatz für technische Exzellenz.

## Meisterwerke auf der Strecke

Zu Neweys berühmtesten Errungenschaften gehört das Design des Williams FW14B, eines Autos, das die Formel-1-Saison 1992 dominierte. Der FW14B war ein Wunderwerk der Technik, mit aktiver Federung, halbautomatischem Getriebe und Traktionskontrolle, alles verpackt in ein aerodynamisch optimiertes Chassis, das Newey akribisch gefertigt hatte. Der Erfolg des Wagens war ein Beweis für Neweys Genie, er sicherte sich sowohl die Konstrukteurs- als auch die Fahrermeisterschaft und festigte seinen Ruf als Design-Virtuose.

Neweys Einfluss ging jedoch über einzelne Autodesigns hinaus. Er war maßgeblich an der Entwicklung des Einsatzes von Computational Fluid Dynamics (CFD) in der Formel 1 beteiligt, einem Werkzeug, das die Art und Weise, wie Teams an die Aerodynamik herangehen, revolutionierte. Durch CFD konnte Newey die Luftströmung um die Autos herum mit beispielloser Präzision simulieren und analysieren und so Verfeinerungen ermöglichen, die die Grenzen der Leistung ausloteten.

## Die Red-Bull-Ära

Das vielleicht prägendste Kapitel in Neweys Karriere war seine Zeit bei Red Bull Racing, wo seine Entwürfe entscheidend dazu beitrugen, dass er von 2010 bis 2013 vier Mal in Folge die Konstrukteurs- und Fahrerweltmeisterschaft gewann. Unter seiner Leitung wurden die Red Bull-Autos zum Synonym für aerodynamische Effizienz und Innovation und zeichneten sich durch aggressive, aber akribisch kalkulierte Designs aus, die die Konkurrenz hinter sich ließen.

Neweys Arbeit bei Red Bull unterstrich seine Philosophie, dass erfolgreiches Design ein empfindliches Gleichgewicht zwischen Innovation und Zuverlässigkeit ist. "Das schnellste Auto ist nicht immer dasjenige, das Rennen gewinnt", erklärte Newey oft. "Er muss auch belastbar sein, sich an unterschiedliche Strecken anpassen können und in der Lage sein, die Stärken seines Fahrers zu nutzen."

**Vermächtnis und Einfluss**

Adrian Neweys Einfluss auf die Formel 1 geht über seine beeindruckende Bilanz an Meisterschaften hinaus. Er hat eine ganze Generation von Ingenieuren und Designern inspiriert und gezeigt, dass Kreativität und ein tiefes Verständnis der Wissenschaft bei der Suche nach Geschwindigkeit gleichermaßen wichtig sind. Neweys Vermächtnis zeigt sich nicht nur in den Autos, die er entworfen hat, sondern in der Entwicklung der Formel 1 selbst, die den Sport zu immer größerer technologischer Raffinesse führt.

Wenn Newey über seine Karriere nachdenkt, betrachtet er seine Beiträge mit einer Mischung aus Stolz und Bescheidenheit. "Die Formel 1 ist ein Teamsport, und obwohl das Design entscheidend ist, ist es der Höhepunkt der Bemühungen aller Beteiligten", sagt er. Seine Anerkennung des kollaborativen Charakters des Erfolgs in der Formel 1 unterstreicht Neweys Glauben an die Synergie zwischen Mensch, Maschine und Teamdynamik.

Adrian Neweys Geschichte in der Welt der Formel 1, in der viel auf dem Spiel steht, ist ein überzeugendes Zeugnis für die Kraft der Innovation und das unermüdliche Streben nach

Exzellenz. Während sich der Sport weiterentwickelt, werden Neweys Designs und sein Einfluss auf die Aerodynamik bleibende Maßstäbe für technische Brillanz setzen und seinen Status als Designgenie der Formel 1 festigen.

# Kapitel 12: Carroll Shelby – Amerikas Speed-Händler

Im Pantheon der amerikanischen Automobillegenden nimmt Carroll Shelby einen besonderen Platz ein. Als Rennfahrer, Visionär und beispielloser Innovator verkörpert Shelbys Weg von den staubigen Strecken Texas bis an die Spitze des Automobildesigns den Geist des amerikanischen Einfallsreichtums und das unermüdliche Streben nach Geschwindigkeit. Dieses Kapitel zeichnet Shelbys außergewöhnlichen Übergang vom Rennfahrer zum Schöpfer nach und beleuchtet seine Rolle bei der Entwicklung einiger der legendärsten amerikanischen Sportwagen, darunter der Shelby Mustang und die Cobra, Fahrzeuge, die die Landschaft des amerikanischen Automobilbaus unauslöschlich geprägt haben.

## Das Bedürfnis nach Geschwindigkeit: Shelbys Anfänge im Rennsport

Carroll Shelbys Liebe zur Geschwindigkeit begann auf der Rennstrecke, wo sein Talent und seine Hartnäckigkeit ihn schnell zu einer Kraft machten, mit der man rechnen musste. Seine Rennkarriere, die von bedeutenden Siegen und einem unermüdlichen Siegeswillen geprägt war, legte den Grundstein für seine zukünftigen Unternehmungen im Automobildesign. Shelbys intimes Wissen über Autos, das er in unzähligen Stunden hinter dem Lenkrad erworben hatte, verschaffte ihm einzigartige Einblicke in das, was ein Auto wirklich großartig machte: Balance, Leistung und ein undefinierbares Charisma, das das Unvergessliche vom Alltäglichen trennte.

"Gewinnen war alles", erinnerte sich Shelby später an seine Rennzeit. "Aber es ging nicht nur darum, als Erster die Ziellinie zu überqueren. Es ging darum, sich selbst und seine Maschine an die Grenzen zu bringen." Diese Philosophie sollte zu einem Eckpfeiler seiner Herangehensweise an das Design und die Herstellung von Autos werden.

**Von der Spur auf das Reißbrett**

Shelbys Übergang vom Rennfahrer zum Designer wurde von dem Wunsch angetrieben, ein Auto zu schaffen, das sowohl die Straße als auch die Rennstrecke dominieren kann. Seine Vision wurde mit der Entwicklung der Shelby Cobra verwirklicht, einem Fahrzeug, das die Leistung amerikanischer Sportwagen neu definieren sollte. Durch die Kombination einer leichten britischen AC Ace-Karosserie mit einem leistungsstarken Ford-V8-Motor schuf Shelby ein Auto, das sowohl erstaunlich schnell als auch auffallend schön war. Die Cobra zog nicht nur Autoliebhaber in ihren Bann, sondern veränderte auch die Wettbewerbslandschaft des amerikanischen Motorsports.

Der Erfolg der Cobra war erst der Anfang. Die Partnerschaft von Shelby mit Ford führte zur Entwicklung des Shelby Mustang, einer Hochleistungsvariante des beliebten Mustang von Ford. Der Shelby Mustang mit seiner gesteigerten Leistung, seinem verbesserten Handling und seinem aggressiven Styling wurde sofort zu einem Klassiker und verkörperte den Geist amerikanischer Muskeln und den Nervenkitzel der offenen Straße.

**Innovative amerikanische Muskeln**

Shelbys Beiträge zur Automobilwelt gingen über einzelne Modelle hinaus. Er war ein Pionier des Konzepts des amerikanischen Muscle-Cars und sprengte die Grenzen von Kraft und Leistung. Shelbys Fähigkeit, rohe PS mit innovativem Design und technischer Exzellenz zu verbinden, setzte einen neuen Standard für das, was amerikanische Autos erreichen konnten.

Während seiner gesamten Karriere war Shelby tief in jeden Aspekt des Design- und Produktionsprozesses involviert und stellte sicher, dass jedes Fahrzeug, das seinen Namen trug, seinen hohen Ansprüchen gerecht wurde. "Ich hatte eine Vorstellung davon, was ich wollte", sagte Shelby, "und ich hatte das Glück, Leute zu finden, die mir helfen konnten, diese Ideen in die Realität umzusetzen."

**Das Vermächtnis einer Legende**

Carroll Shelbys Vermächtnis beschränkt sich nicht nur auf die Fahrzeuge, die er schuf, sondern ist auch in das Gewebe der amerikanischen Automobilkultur eingewoben. Seine Vision und sein Engagement für Exzellenz haben unzählige Designer, Ingenieure und Enthusiasten inspiriert. Shelbys Lebenswerk erinnert uns daran, dass Innovation, gepaart mit einer unnachgiebigen Leidenschaft für das eigene Handwerk, zu außergewöhnlichen Leistungen führen kann.

Wenn man über seinen Einfluss nachdenkt, täuscht Shelbys Bescheidenheit über den tiefgreifenden Einfluss hinweg, den er auf die Automobilwelt hatte. "Ich wollte einfach nur gute Autos bauen", sagte er oft. Doch auf diese Weise wurde

Carroll Shelby mehr als nur ein Autobauer; Er wurde zu einer Ikone der amerikanischen Innovation und zu einem Symbol für das endlose Streben nach Geschwindigkeit.

Durch den Shelby Mustang, die Cobra und seine unzähligen Beiträge zum Motorsport und Automobildesign festigte Carroll Shelby seinen Platz in der Geschichte als Amerikas Geschwindigkeitshändler. Sein Vermächtnis, das sich durch eine Kombination aus Innovation, Leistung und unverwechselbarem Stil auszeichnet, fasziniert und inspiriert weiterhin und sorgt dafür, dass der Name Carroll Shelby für immer ein Synonym für amerikanische automobile Exzellenz sein wird.

# Kapitel 13: Gordon Murray – Meister des Supersportwagen-Designs

In der Riege des Supersportwagen-Designs werden nur wenige Namen mit so viel Ehrfurcht ausgesprochen wie der von Gordon Murray. Als Visionär, dessen Ingenieurskunst und Designphilosophie die Automobilwelt tiefgreifend beeinflusst haben, steht Murrays Hauptwerk, der McLaren F1, als Monument dafür, was ein Supersportwagen sein kann und sollte.

**Der Philosoph der Performance**

Die Designphilosophie von Gordon Murray wurzelt in einem Grundprinzip: dem unermüdlichen Streben nach Perfektion durch Innovation und die Minimierung des Gewichts. Dieses Prinzip leitete Murray während seiner gesamten Karriere, von seinen Anfängen in der Formel 1 bis hin zu seinen monumentalen Errungenschaften im Supersportwagendesign. "Einfachheit ist der Schlüssel zur Exzellenz", bemerkte Murray oft und unterstrich seine Überzeugung, dass Eleganz im Design von Effizienz und Zweckmäßigkeit herrührt, nicht von Komplexität oder Exzess.

Murrays Ansatz für das Fahrzeugdesign ist ganzheitlich und berücksichtigt die Auswirkungen jeder Komponente auf die Gesamtleistung, die Ästhetik und das Fahrerlebnis des Fahrzeugs. Diese akribische Liebe zum Detail und das Engagement, die Grenzen von Technologie und Materialwissenschaft zu erweitern, haben Murray zu einem wahren Meister seines Fachs gemacht.

## Die Entstehung des McLaren F1

Der McLaren F1, der 1992 vorgestellt wurde, entstand aus Murrays Vision, das ultimative Straßenauto zu schaffen, ein Fahrzeug, das den Gipfel automobiler Innovation und Leistung verkörpern würde. Die Formel 1 war bahnbrechend und enthielt Technologien und Materialien aus dem Formel-1-Rennsport, wie z. B. ein Kohlefaser-Chassis, um eine unvergleichliche Leichtigkeit und Festigkeit zu erreichen.

Murrays Design für die Formel 1 war revolutionär in seiner Aufmerksamkeit für Aerodynamik, Gewichtsverteilung und Fahrererlebnis. Das Fahrzeug verfügte über eine einzigartige zentrale Fahrposition, die eine beispiellose Sicht und Kontrolle bot, flankiert von zwei Beifahrersitzen, eine Anordnung, die die Verbindung des Fahrers zur Maschine betonte. Der V12-Saugmotor der Formel 1, der in Zusammenarbeit mit BMW entwickelt wurde, war ein Wunderwerk der Ingenieurskunst, der eine atemberaubende Leistung lieferte, ohne die Balance oder Fahrdynamik des Autos zu beeinträchtigen.

## Neudefinition von Supersportwagen-Standards

Der McLaren F1 übertraf Erwartungen und Rekorde und erreichte eine Höchstgeschwindigkeit von 240 Meilen pro Stunde und war damit das damals schnellste Serienauto der Welt. Aber das Vermächtnis der Formel 1 geht über ihre Geschwindigkeit hinaus. Er setzte einen neuen Maßstab dafür, was ein Supersportwagen sein könnte, indem er Renntechnologie auf eine Weise in ein Straßenfahrzeug integrierte, die sowohl innovativ als auch zugänglich war.

Murrays Arbeit an der Formel 1 forderte andere Hersteller heraus, ihre Herangehensweise an Design und Leistung zu überdenken, und leitete eine neue Ära in der Entwicklung von Supersportwagen ein. Der Einfluss der Formel 1 zeigt sich in der Betonung von Leichtbaumaterialien, aerodynamischer Effizienz und fahrerorientiertem Design, die die Supersportwagen von heute auszeichnet.

**Das Vermächtnis eines Designmeisters**

Gordon Murrays Einfluss auf die Automobilindustrie geht weit über die McLaren F1 hinaus. Sein Werdegang ist ein Beweis für die Kraft des innovativen Denkens und das Streben nach Perfektion. Murrays Entwürfe haben Ingenieure und Designer dazu inspiriert, die Grenzen des Möglichen auszuloten und die Branche zu mehr Innovation und Exzellenz zu drängen.

Wenn Murray über seine Karriere nachdenkt, sieht er sein Vermächtnis nicht in den Autos, die er entworfen hat, sondern in der Philosophie, für die er sich eingesetzt hat. "Bei der Entwicklung eines großartigen Autos geht es nicht nur darum, Rekorde zu brechen oder Auszeichnungen zu erhalten. Es geht darum, den Status quo in Frage zu stellen, das Mögliche zu überdenken und andere zu inspirieren, das Gleiche zu tun", erklärt Murray.

Gordon Murray ist nach wie vor eine zentrale Figur im Automobildesign, und seine Arbeit verkörpert die Verschmelzung von Kunst und Wissenschaft, die das Beste der Technik ausmacht. Der McLaren F1, als Symbol für Murrays Genie, fesselt nach wie vor die Fantasie von Enthusiasten und Profis gleichermaßen und ist eine bleibende Hommage an den Meister des Supersportwagendesigns.

# Kapitel 14: Giorgetto Giugiaro – Der Designer des Designers

Im Bereich des Automobildesigns, in dem Funktion und Form in einem Tanz von Kreativität und Technik aufeinandertreffen, steht Giorgetto Giugiaro als Koloss. Sein visionäres Schaffen hat nicht nur Generationen von Fahrzeugen geprägt, sondern auch das Autodesign zu einer Kunstform erhoben. Giugiaro wurde für die Gestaltung einiger der ikonischsten Autoformen der Branche gefeiert und hat jahrzehntelang Einfluss gehabt und seinen Status als Designer des Designers gefestigt.

**Der Maestro der Linien**

Die Karriere von Giorgetto Giugiaro ist ein Beweis für seine unübertroffene Fähigkeit, Ästhetik und Funktionalität zu verbinden und Designs zu schaffen, die sowohl zeitlos als auch revolutionär sind. Der in Italien geborene Giugiaro kam durch seine Familie früh mit Kunst und Design in Berührung und legte den Grundstein für eine produktive Karriere, in der er die visuelle Sprache des Automobildesigns neu definierte. "Ein Auto muss mehr sein als nur ein Transportmittel", sagte Giugiaro einmal und fasste damit seinen Designansatz als Ausdruck von Schönheit, Innovation und Emotion zusammen.

**Ikonische Kreationen**

Giugiaros Portfolio liest sich wie ein Who-is-Who der Automobilgeschichte mit Fahrzeugen, die zu Meilensteinen des Designs geworden sind. Eines seiner frühesten und einflussreichsten Entwürfe, die Alfa Romeo Giulia Sprint GT, machte die Welt mit Giugiaros Talent für scharfe, klare Linien bekannt, die zu einem Markenzeichen seines Stils werden sollten. Seine Arbeit am Volkswagen Golf 1 revolutionierte das Segment der Kompaktwagen und bot ein schlankes, praktisches Design, das ein breites Publikum ansprach und zu einem der meistverkauften Autos aller Zeiten wurde.

Zu seinen vielleicht berühmtesten Kreationen gehört der DeLorean DMC-12, ein Auto, das durch seine markanten Flügeltüren und seine Edelstahlkarosserie Kultstatus erlangte und in der Filmreihe "Zurück in die Zukunft" verewigt wurde. Jedes dieser Designs steht beispielhaft für Giugiaros Philosophie, dass die Form eines Autos sowohl funktional als auch emotional ansprechend sein sollte – ein Prinzip, das seine Arbeit während seiner gesamten Karriere geleitet hat.

**Jenseits von Automobilen**

Giugiaros Einfluss geht über die Automobilindustrie hinaus. Seine Firma, Italdesign Giugiaro, hat sich an einer Vielzahl von Projekten versucht, vom Kameradesign für Nikon bis hin zu Hochgeschwindigkeitszügen, die Giugiaros Vielseitigkeit und seine Fähigkeit zeigen, seine Designprinzipien auf verschiedene Medien anzuwenden. Dieser branchenübergreifende Einfluss unterstreicht Giugiaros Glauben an die Universalität guten Designs und festigt sein Vermächtnis als Visionär im wahrsten Sinne des Wortes weiter.

## Ein bleibendes Vermächtnis

Giorgetto Giugiaros Vermächtnis zeigt sich nicht nur in den Autos, die er entworfen hat, sondern auch in seinem anhaltenden Einfluss auf die Automobilindustrie und das Design als Ganzes. Er war ein Mentor für eine neue Generation von Designern und vermittelte seine Philosophie, Schönheit mit Nutzen, Emotion mit Funktion zu verbinden. Giugiaros Auszeichnungen, darunter die Ernennung zum Autodesigner des Jahrhunderts, sind ein Beweis für seine Beiträge auf dem Gebiet des Designs und seinen nachhaltigen Einfluss darauf, wie wir Automobile wahrnehmen und mit ihnen interagieren.

Wenn Giugiaro über seine Karriere nachdenkt, behält er eine bescheidene Perspektive bei und sieht seine Arbeit als Teil eines größeren Kontinuums des Designs. "Meine größte Freude ist es, Designs zu kreieren, die den Test der Zeit bestehen, die Teil des Lebens der Menschen werden und Emotionen und Leidenschaft hervorrufen", reflektiert Giugiaro. Seine Entwürfe haben in der Tat den Test der Zeit bestanden und inspirieren und fesseln weiterhin diejenigen, die die Kunst des Automobildesigns zu schätzen wissen.

Giorgetto Giugiaros Reise durch die Annalen der Designgeschichte ist eine Geschichte von Innovation, Einfluss und Inspiration. Seine Arbeit hat die ästhetischen Konturen der Automobilwelt geprägt und ein Vermächtnis geschaffen, das Generationen überdauert. Als Designer des Designers verkörpern Giugiaros Leben und Werk den Höhepunkt des Automobildesigns und zelebrieren die tiefgreifende Schönheit und Kraft des Automobils als Symbol menschlicher Kreativität und Ambitionen.

# Kapitel 15: Sergio Marchionne – Die Exekutive der Exekutive

In der Welt der Automobilindustrie, in der der schmale Grat zwischen Erfolg und Misserfolg hauchdünn ist, sticht Sergio Marchionne als Figur der transformativen Führung hervor. Mit einer Karriere, die sich über Kontinente und Branchen erstreckte, ist Marchionnes Tätigkeit bei Fiat Chrysler Automobiles (FCA) eine Meisterklasse in Sachen Unternehmenswiederbelebung und zeigt seine beispiellose Fähigkeit, Unternehmen vor dem Abgrund zu retten und sie zur globalen Wettbewerbsfähigkeit zu führen. Dieses Kapitel untersucht die zentrale Rolle, die Marchionne beim Turnaround von Fiat Chrysler spielte, und hebt die strategischen Entscheidungen und Führungsqualitäten hervor, die ihm den Titel des Vorstandsvorsitzenden einbrachten.

**Ein unkonventioneller Anführer**

Sergio Marchionnes Weg an die Spitze von Fiat Chrysler war geprägt von einem vielseitigen Karriereweg, der Stationen in der Rechtswissenschaft, im Rechnungswesen und in verschiedenen Führungspositionen umfasste. Dieser vielfältige Hintergrund trug zu Marchionnes einzigartigem Führungsansatz bei, der sich durch seinen direkten Kommunikationsstil, seine strategische Weitsicht und seine Bereitschaft, Branchennormen in Frage zu stellen, auszeichnet. Marchionnes Ankunft bei Fiat im Jahr 2004 kam zu einem kritischen Zeitpunkt für den italienischen Autohersteller, der mit einer hohen Verschuldung und sinkenden Marktanteilen zu kämpfen hatte.

**Fiats Wiederauferstehung**

Die Strategie von Marchionne für Fiat beinhaltete eine radikale Umstrukturierung der Geschäftstätigkeit des Unternehmens, von der Rationalisierung der Produktionsprozesse bis hin zur Neuverhandlung von Tarifverträgen. Seine Fähigkeit, schwierige Entscheidungen zu treffen, wie z. B. die Ausgliederung der Industriefahrzeug- und Ausrüstungssparten von Fiat, zeigte sein Engagement, sich auf seine Kernkompetenzen zu konzentrieren und das Unternehmen wieder in die Gewinnzone zu führen.

Unter Marchionnes Führung navigierte Fiat nicht nur durch finanzielle Turbulenzen, sondern startete auch einen ehrgeizigen Wachstumsplan. Die Übernahme einer Mehrheitsbeteiligung an Chrysler im Jahr 2009 war ein mutiger Schritt, der die Stärken von Fiat bei Kleinwagen- und Motorentechnologien nutzte, um den amerikanischen Autohersteller, der von der Finanzkrise 2008 gebeutelt war, zu verjüngen.

**Die Entstehung von Fiat Chrysler Automobiles**

Die Fusion von Fiat und Chrysler im Jahr 2014 war der Höhepunkt von Marchionnes Vision eines globalen Automobilherstellers. Die Gründung von FCA stellte eine bemerkenswerte Wende für zwei Unternehmen dar, die mit existenziellen Bedrohungen konfrontiert waren. Die Strategie von Marchionne konzentrierte sich auf die Optimierung der Produktpalette des kombinierten Unternehmens, Investitionen in wichtige Marktsegmente und die Nutzung von Synergien zwischen den beiden Automobilherstellern.

Marchionnes Führungsstil trug maßgeblich zum Erfolg der Fusion bei. Sein praktischer Ansatz, seine Bereitschaft, kalkulierte Risiken einzugehen, und sein Fokus auf die Umsetzung brachten ihm den Respekt und die Loyalität der Mitarbeiter auf allen Ebenen des Unternehmens ein. Marchionne glaubte an die Kraft der Kultur, Veränderungen voranzutreiben, und bemerkte: "Kultur ist das Einzige, was ein Unternehmen verändern kann. Alles andere ist eine Illusion."

**Ein Vermächtnis der Führung**

Das Vermächtnis von Sergio Marchionne geht über den finanziellen Turnaround von Fiat Chrysler hinaus. Er ist als visionäre Führungspersönlichkeit in Erinnerung geblieben, die nicht nur die Unternehmen, die er leitete, sondern auch die Automobilindustrie insgesamt umgestaltete. Sein Schwerpunkt auf Effizienz, Marktreaktionsfähigkeit und Innovation hat FCA unauslöschlich geprägt und dient als Blaupause für eine erfolgreiche Unternehmensführung.
Marchionnes Einfluss zeigte sich auch in seinem Eintreten für die Konsolidierung der Branche und seiner Weitsicht bei der Bewältigung der Herausforderungen der Elektrifizierung und des autonomen Fahrens. Auch als er FCA zu neuen Höhen führte, blieb er ein lautstarker Befürworter der Notwendigkeit, dass sich die Automobilindustrie an die sich schnell verändernde technologische Landschaft anpassen muss.

Wenn Marchionne über seine Karriere nachdenkt, lässt sich sein Ethos in seinen eigenen Worten zusammenfassen: "Der wahre Wert einer Führungskraft wird nicht daran gemessen, was sie persönlich erreicht, sondern daran, was sie durch die Menschen erreicht, die sie führt." Seine transformative Führung bei Fiat Chrysler, die das Unternehmen vor dem Rand des Scheiterns rettete und es in eine erfolgreiche Zukunft führte, ist ein Beispiel für diese Überzeugung. Die Amtszeit von Sergio Marchionne bei FCA wird als eine prägende Ära in der Automobilindustrie in Erinnerung bleiben, die den tiefgreifenden Einfluss zeigt, den visionäre und entschlossene Führung auf die Geschicke eines globalen Unternehmens haben kann.

# Kapitel 16: Alejandro Agag – Elektrisierender Motorsport

In der dynamischen Welt des Motorsports hat eine Revolution die Strecken still und leise elektrisiert, angeführt von einem visionären Unternehmer namens Alejandro Agag. Mit der Gründung der Formel E hat Agag nicht nur den Rennsport mit Elektrofahrzeugen auf die globale Bühne gebracht, sondern sich auch für eine Bewegung in Richtung Nachhaltigkeit im Bereich des Rennsports eingesetzt.

**Der Funke der Innovation**

Alejandro Agags Reise in das Herz der Innovation im Motorsport begann mit einer einfachen, aber tiefen Überzeugung: Die Zukunft des Rennsports könnte sowohl aufregend als auch umweltfreundlich sein. In Anbetracht der wachsenden Besorgnis über die ökologische Nachhaltigkeit und des Potenzials von Elektrofahrzeugen (EVs), eine Vorreiterrolle bei der Lösung dieser Probleme zu übernehmen, stellte sich Agag eine globale Rennserie vor, die die Leistungsfähigkeit der Elektrotechnologie demonstrieren sollte. "Unsere Mission war klar", so Agag, "zu zeigen, dass Elektroautos unsere Wahrnehmung dessen, was möglich ist, verändern können, indem sie hohe Leistung mit Umweltverantwortung verbinden."

**Start der Formel E**

Die Premierensaison der Formel E im Jahr 2014 markierte einen bedeutenden Meilenstein in der Geschichte des Motorsports. Agags unermüdliche Verfolgung seiner Vision hatte in einer Serie gegipfelt, in der es sowohl um den Rennsport als auch um die Förderung einer nachhaltigen Zukunft ging. In der Serie traten vollelektrische Einsitzer in den Herzen einiger der berühmtesten Städte der Welt an und verwandelten urbane Zentren in Arenen für emissionsfreie Hochgeschwindigkeitswettbewerbe.

Die Formel E zeichnete sich schnell durch Innovationen aus, nicht nur in ihrer Automobiltechnologie, sondern auch in ihrem Ansatz, die Fans zu begeistern. Fan Boost, eine einzigartige Funktion, die es den Fans ermöglicht, für ihren Lieblingsfahrer abzustimmen, um einen vorübergehenden Leistungsschub zu erhalten, ist ein Beispiel für das Engagement der Formel E für interaktive und integrative Rennerlebnisse. "Wir wollten eine neue Art von Motorsport schaffen", erklärte Agag, "eine, die bei einer neuen Generation von Fans Anklang findet und die Action bis vor die Haustür bringt."

**Nachhaltigkeit vorantreiben**

Neben dem Spektakel und der Aufregung des Rennsports war Agags Vision für die Formel E tief in der Förderung der Nachhaltigkeit verwurzelt. Durch die Präsentation der Fähigkeiten von Elektrofahrzeugen dient die Formel E als Plattform für die Weiterentwicklung der EV-Technologie und ermutigt die Automobilhersteller, ihre eigenen Elektroinitiativen zu beschleunigen. Die Serie hat große Automobilhersteller angezogen, die jeweils zur Entwicklung der elektrischen Antriebsstränge und der Batterietechnologie beigetragen haben und das Ziel von Agag unterstützen, die gesamte Automobilindustrie zu beeinflussen.

Der Einfluss der Formel E geht über die technologische Innovation hinaus. Es hat eine Diskussion über die Rolle des Motorsports bei der Bewältigung globaler Umweltherausforderungen ausgelöst. Agag glaubt, dass "die Formel E mehr als ein Rennen ist. Es ist eine Botschaft, dass Nachhaltigkeit und Leistung Hand in Hand gehen können."

**Das Vermächtnis und der Weg in die Zukunft**

Alejandro Agags Beiträge zum Motorsport und zum Umweltschutz haben ihn zu einer zentralen Figur des fortschreitenden Übergangs zu einer nachhaltigen Mobilität gemacht. Unter seiner Führung hat sich die Formel E zu einer gewaltigen Kraft entwickelt, die Wahrnehmungen herausfordert und neue Maßstäbe für die Zukunft des Rennsports setzt.

Mit Blick auf die Reise der Formel E bleibt Agag optimistisch, was das Potenzial des Motorsports angeht, positive Veränderungen voranzutreiben. "Was wir hier begonnen haben, ist erst der Anfang", versichert er. "Der wahre Sieg wird darin bestehen, Generationen dazu zu inspirieren, die Möglichkeiten von Elektrofahrzeugen und erneuerbaren Energien zu nutzen."

Die Rolle von Alejandro Agag bei der Gründung der Formel E ist ein mutiger Schritt in eine neue Ära des Motorsports, in der der Nervenkitzel des Wettbewerbs mit dem Gebot der ökologischen Verantwortung in Einklang gebracht wird. Seine Vision, den Motorsport zu elektrifizieren, hat nicht nur eine aufregende Dimension in den Rennsport gebracht, sondern auch die entscheidende Bedeutung der

Nachhaltigkeit in unserem globalen Streben nach Innovation und Abenteuer unterstrichen.

# Kapitel 17: Håkan Samuelsson – Sicherheit und Autonomie

An der Spitze von Volvo Cars hat Håkan Samuelsson nicht nur das langjährige Engagement der Marke für Sicherheit fortgesetzt, sondern das Unternehmen auch an die Spitze der autonomen Fahrzeugtechnologie geführt. Unter seiner Führung hat sich Volvo zu einem Vorreiter bei der Entwicklung der Automobilindustrie hin zu einem sichereren und autonomeren Fahren entwickelt. In diesem Kapitel wird Samuelssons Einfluss auf Volvo untersucht und hervorgehoben, wie seine strategische Vision das Unternehmen in neue Innovationsbereiche katapultiert hat, während es sein Kernethos "Sicherheit an erster Stelle" beibehielt.

**Ein Vermächtnis der Sicherheit**

Volvo genießt seit langem einen guten Ruf als führendes Unternehmen im Bereich der Automobilsicherheit und kann auf eine lange Geschichte der Einführung von Innovationen zurückblicken, die zu Industriestandards geworden sind. Håkan Samuelsson übernahm die Leitung eines solchen Unternehmens und nahm dieses Erbe als Eckpfeiler seiner Führung an. "Sicherheit ist nicht nur ein Teil unserer Geschichte; es ist unsere Zukunft", hat Samuelsson oft erklärt und damit sein Engagement unterstrichen, die Position von Volvo als vertrauenswürdigster Name im Bereich Fahrzeugsicherheit zu wahren.

Unter Samuelssons Amtszeit hat Volvo weiterhin bahnbrechende Sicherheitsfunktionen eingeführt, wie z. B.

fortschrittliche Fahrerassistenzsysteme (ADAS) und branchenführende Technologie zur Unfallvermeidung. Diese Bemühungen sind Teil der ehrgeizigen Initiative Vision 2020 von Volvo, die darauf abzielt, dass bis 2020 niemand mehr in einem neuen Volvo getötet oder schwer verletzt wird – ein Beweis für das beispiellose Engagement des Unternehmens für die Sicherheit.

**Das Streben nach Autonomie**

Samuelsson hat das Potenzial der autonomen Technologie erkannt, um Verkehrsunfälle deutlich zu reduzieren, und Volvo an die Spitze der Entwicklung selbstfahrender Autos gebracht. Seine Strategie umfasst nicht nur die technologische Weiterentwicklung autonomer Systeme, sondern auch einen durchdachten Ansatz für die ethischen und gesellschaftlichen Auswirkungen selbstfahrender Fahrzeuge.

Unter seiner Leitung hat Volvo ehrgeizige Pilotprojekte gestartet, wie z. B. das "Drive Me"-Programm, das darauf abzielt, reale Daten zum autonomen Fahren in städtischen Umgebungen zu sammeln. Samuelsson sieht diese Initiativen als entscheidende Schritte in eine Zukunft, in der autonome Technologie die Häufigkeit von Verkehrsunfällen drastisch reduzieren kann, was die Sicherheitsphilosophie von Volvo widerspiegelt.

**Sicherheit und Innovation in Einklang bringen**

Eine der größten Stärken von Samuelsson war seine Fähigkeit, das Sicherheitsethos von Volvo mit dem Bedarf an Innovation in einer Branche in Einklang zu bringen, die sich in einem rasanten Wandel befindet. Er leitete die Investitionen des Unternehmens in Elektrifizierung und Konnektivität und erkannte diese Bereiche als integralen Bestandteil der Zukunft der automobilen Sicherheit und Autonomie an.

Samuelssons Führungsrolle hat dafür gesorgt, dass die Fortschritte von Volvo bei elektrischen und autonomen Fahrzeugen die Sicherheitsziele des Unternehmens ergänzen. Durch die Integration fortschrittlicher Sicherheitsfunktionen in seine elektrischen und selbstfahrenden Modelle leistet Volvo unter Samuelssons Leitung Pionierarbeit für einen ganzheitlichen Ansatz für die Fahrzeugsicherheit, bei dem ökologische Nachhaltigkeit und Spitzentechnologie Hand in Hand mit dem Schutz von Menschenleben gehen.

**Vision für die Zukunft**

Håkan Samuelssons Vision für Volvo geht über den unmittelbaren Horizont der Automobiltrends hinaus. Er stellt sich eine Welt vor, in der Mobilität nicht nur sicher und nachhaltig, sondern auch zugänglich und gerecht ist. Zu dieser Vision gehört es, die Herausforderungen der städtischen Überlastung, der Luftverschmutzung und des globalen Wandels hin zu gemeinsamen Mobilitätslösungen anzugehen.
"Bei der Fahrzeugsicherheit geht es nicht nur um die Insassen im Auto. es geht um das gesamte Ökosystem des Transports", reflektiert Samuelsson. Seine ganzheitliche Sicht auf Sicherheit und Autonomie positioniert Volvo nicht nur als Vorreiter bei der Innovation im Automobilbereich,

sondern auch bei der Erreichung breiterer gesellschaftlicher Ziele.

**Vermächtnis und Wirkung**

Die Amtszeit von Håkan Samuelsson bei Volvo markiert ein entscheidendes Kapitel in der Geschichte des Unternehmens, das von einem unerschütterlichen Engagement für die Sicherheit und einem mutigen Sprung in die Zukunft des autonomen Fahrens geprägt ist. Seine Führungsrolle hat nicht nur das Vermächtnis von Volvo als Pionier der Sicherheit gefestigt, sondern die Marke auch an der Spitze der transformativsten Trends der Automobilindustrie positioniert.

Während Volvo weiterhin den Weg in die Zukunft geht, stellt Samuelssons Einfluss sicher, dass sich das Unternehmen weiterhin von seinen Kernwerten Sicherheit, Qualität und Umweltschutz leiten lässt. Mit der Gestaltung des Weges von Volvo zu Sicherheit und Autonomie hat Håkan Samuelsson sein Vermächtnis als visionäre Führungspersönlichkeit gefestigt und Volvo in seiner Mission, das Leben auf der Straße zu schützen und zu erhalten, vorangetrieben.

# Kapitel 18: Mate Rimac – Pionierarbeit für elektrische Hypercars

In der sich rasant entwickelnden Landschaft der Elektrofahrzeugindustrie (EV) wird eine neue Legende von Mate Rimac geschrieben, einem visionären Unternehmer, dessen Bestreben, die leistungsstärksten Elektro-Hypercars der Welt zu bauen, nicht nur Rekorde gebrochen, sondern auch neu definiert hat, was im Bereich der Automobiltechnik möglich ist. Der Weg von Rimac von einer Garage in Kroatien an die Spitze der Entwicklung von Elektro-Hypercars ist ein Beweis für Innovation, Ausdauer und das unermüdliche Streben nach Exzellenz.

**Der Funke des Genies**

Die Geschichte von Mate Rimac beginnt mit der Leidenschaft für Autos und der Faszination für ihr Potenzial zur Elektrifizierung. Schon in jungen Jahren war Rimac entschlossen, die Grenzen der Elektrofahrzeugtechnologie zu erweitern, und träumte von einer Zukunft, in der elektrische Antriebe in Bezug auf Leistung und Begeisterung mit ihren Pendants mit Verbrennungsmotoren konkurrieren, wenn nicht sogar übertreffen können. "Mein Ziel war es, der Welt zu zeigen, dass Elektroautos schneller, aufregender und in jeder Hinsicht besser sein können als Benzinautos", sagt Rimac und spiegelt damit seinen visionären Ansatz im Automobildesign wider.

**Den Traum verwirklichen**

Rimacs Weg an die Spitze der Herstellung von Elektro-Hypercars begann mit dem Umbau eines alten BMW in einen Hochleistungs-Elektrorennwagen, ein Projekt, das den Grundstein für seine zukünftigen Unternehmungen legte. Dieses erste Projekt demonstrierte den innovativen Ansatz von Rimac in Bezug auf elektrische Antriebsstränge und Batterietechnologie und erregte die Aufmerksamkeit der Automobilwelt.

Im Jahr 2009 gründete Rimac Rimac Automobili mit dem ehrgeizigen Ziel, elektrische Hypercars zu entwickeln und zu produzieren, die in Bezug auf Leistung, Technologie und Design branchenführend sind. Der erste große Durchbruch des Unternehmens kam mit dem Concept One, einem Fahrzeug, das dank seiner leistungsstarken Elektromotoren und fortschrittlichen Batteriesysteme erstaunliche Leistungsdaten aufwies, darunter eine Beschleunigungszeit von 0 auf 60 Meilen pro Stunde von nur 2,5 Sekunden.

**Revolutionierung von Hypercars**

Der 2018 vorgestellte Rimac C_Two festigte den Status von Mate Rimac als Pionier in der Elektrofahrzeugindustrie weiter. Mit fast 2.000 PS, einer Höchstgeschwindigkeit von 258 Meilen pro Stunde und der Fähigkeit, in weniger als 1,9 Sekunden von 0 auf 60 Meilen pro Stunde zu beschleunigen, stellt das C_Two den Höhepunkt der Leistung von Elektro-Hypercars dar. Neben seiner atemberaubenden Geschwindigkeit verfügt der C_Two über modernste Technologien wie autonome Level-4-Funktionen und ein KIgesteuertes Infotainmentsystem, die den ganzheitlichen Ansatz von Rimac für Fahrzeuginnovationen demonstrieren.

Die Hypercars von Rimac sind mehr als nur technische Meisterleistungen; Sie sind Vorboten einer Zukunft, in der Elektrofahrzeuge den Zenit automobiler Wünsche und Leistungen einnehmen. Mit dem Beweis, dass Elektrofahrzeuge eine begeisternde Leistung bieten können, ohne Kompromisse bei Reichweite oder Benutzerfreundlichkeit einzugehen, fordert Rimac traditionelle Automobilhersteller auf, die Möglichkeiten des Elektroantriebs zu überdenken.

**Wirkung und Einfluss**

Der Einfluss von Mate Rimac geht über die Hypercars hinaus, die seinen Namen tragen. Durch strategische Partnerschaften und Kooperationen mit großen Automobilherstellern treibt Rimac die gesamte Branche in Richtung Elektrifizierung. Das Know-how seines Unternehmens in den Bereichen elektrische Antriebsstränge und Batterietechnologie trägt dazu bei, die nächste Generation von Elektrofahrzeugen zu gestalten und Rimac zu einem wichtigen Akteur beim globalen Wandel hin zu nachhaltiger Mobilität zu machen.

**Vision für die Zukunft**

Mit Blick auf die Zukunft stellt sich Mate Rimac eine Welt vor, in der Elektrofahrzeuge die Straßen dominieren und überlegene Leistung, Effizienz und Umweltfreundlichkeit bieten. Sein Engagement für Innovation und Exzellenz treibt Rimac Automobili weiterhin voran, mit neuen Projekten und

Technologien, die versprechen, die Automobillandschaft weiter zu revolutionieren.

Die Reise von Mate Rimac von einem ehrgeizigen Träumer zu einer führenden Figur in der Elektrofahrzeugindustrie ist eine eindrucksvolle Erzählung darüber, wie Vision, Innovation und Beharrlichkeit die Welt verändern können. Seine bahnbrechenden Elektro-Hypercars verschieben nicht nur die Grenzen von Leistung und Technologie, sondern läuten auch eine neue Ära im Automobildesign ein, in der Elektrizität die Träume von Geschwindigkeitsenthusiasten auf der ganzen Welt befeuert.

# Kapitel 19: Battista "Pinin" Farina – Den Wind formen

In den Annalen des Automobildesigns finden nur wenige Namen einen so tiefen Widerhall wie der von Battista "Pinin" Farina, dem visionären Gründer von Pininfarina. Sein Vermächtnis ist von unvergleichlicher Eleganz und Innovation, da er den Wind mit Designs geformt hat, die das Wesen der automobilen Schönheit definieren. In diesem Kapitel werden Farinas Beiträge zum Automobildesign gefeiert und untersucht, wie seine Arbeit einige der ikonischsten Autos der Geschichte geformt und damit unsere Vorstellung davon, was ein Auto sein kann, für immer verändert hat.

**Die Entstehung des Genies**

Battista Farina wurde in eine Welt hineingeboren, in der Autos noch in den Kinderschuhen steckten, in einer Zeit, in der es beim Automobildesign mehr um Funktion als um Form ging. Schon in jungen Jahren war Farina von den Möglichkeiten der Automobilästhetik fasziniert und entwarf Fahrzeuge, die Funktionalität mit atemberaubender Schönheit verbinden. Im Jahr 1930, im Alter von 27 Jahren, gründete Farina die Carrozzeria Pinin Farina und begab sich auf eine Reise, die ihn zu einem der einflussreichsten Automobildesigner des 20. Jahrhunderts machen sollte.

**Eine Philosophie der Eleganz**

Die Designphilosophie von Farina drehte sich um die Harmonie von Form und Funktion, mit besonderem

Schwerpunkt auf der Aerodynamik und der skulpturalen Qualität der Linien eines Autos. "Ein Auto muss nicht nur schön aussehen", sagte Farina oft, "sondern es muss sich auch anmutig durch den Wind bewegen." Dieser Ansatz führte zu Designs, die sowohl optisch beeindruckend als auch technisch fortschrittlich waren und neue Maßstäbe für automobile Ästhetik und Leistung setzten.

**Meisterwerke auf Rädern**

Durch seine Zusammenarbeit mit führenden Automobilherstellern wurde Farinas Vision in einer Reihe von Autos zum Leben erweckt, die als Meisterwerke des Designs gefeiert werden. Einer seiner frühesten und bedeutendsten Beiträge war der Cisitalia 202 GT, ein Fahrzeug, das vom Museum of Modern Art in New York als einer der skulpturalsten Ausdrucksformen automobiler Formen gefeiert wurde. Die glatten Linien, nahtlosen Kurven und ausgewogenen Proportionen des Autos verkörperten Farinas Fähigkeit, Harmonie zwischen dem Auto und der Luft, durch die es sich bewegte, zu schaffen.

Farinas Partnerschaft mit Ferrari führte zur Entstehung einiger der schönsten Autos, die je gebaut wurden, darunter der Ferrari 212 Inter und der legendäre Ferrari 250 GT Berlinetta Lusso. Jedes dieser Autos spiegelte Farinas Genie wider, Designs zu schaffen, die gleichzeitig aggressiv und elegant waren und den Geist und die Leistung der Marke Ferrari verkörperten.

**Das Vermächtnis von Pininfarina**

Über einzelne Autos hinaus erstreckte sich Farinas Einfluss auf das Ethos des Automobildesigns. Er war ein Pionier bei der Verwendung von Windkanälen für aerodynamische Tests und erkannte früh die Bedeutung der Aerodynamik im Fahrzeugdesign. Seine Arbeit legte den Grundstein für zukünftige Innovationen in diesem Bereich und machte die aerodynamische Effizienz zu einem Eckpfeiler der Automobilästhetik.

Farinas Verdienste wurden weltweit anerkannt, und 1961 genehmigte der italienische Präsident in Anerkennung seiner Verdienste um die italienische Industrie und das Design formell die Änderung seines Nachnamens in Pininfarina. Diese symbolische Geste unterstrich die Untrennbarkeit von Farinas Identität mit seinem Lebenswerk und dem von ihm gegründeten Unternehmen.

**Eine Vision, die Bestand hat**

Die Vision von Battista Pininfarina ging über die Ära hinaus, in der er arbeitete, und setzte einen zeitlosen Standard für Schönheit, Innovation und Eleganz im Automobildesign. Sein Vermächtnis wird von der Firma Pininfarina weitergeführt, die nach wie vor eine führende Kraft im Automobil- und Industriedesign ist und sich an die von ihm festgelegten Prinzipien hält.

Über den Einfluss seines Großvaters sagte Paolo Pininfarina: "Er war ein Visionär, der das Auto als Kunstwerk sah, als eine bewegliche Skulptur, die die Kraft hatte, Emotionen zu wecken und die Fantasie zu fesseln." Das Leben und die

Arbeit von Battista Pininfarina sind nach wie vor ein Zeugnis für die Kraft des Designs, das Gewöhnliche zu transzendieren und Autos zu dauerhaften Symbolen für Schönheit und Innovation zu machen. Durch seine Augen verstand die Welt, dass Autos mehr als nur Maschinen sein konnten; Sie könnten Kunstwerke sein und sind es auch.

# Kapitel 20: Franz Josef Popp – Ingenieurspräzision

Im Pantheon des Automobil- und Motorradbaus steht BMW als Koloss da, ein Zeugnis für das unermüdliche Streben nach Präzision, Innovation und Qualität. Im Mittelpunkt des Aufstiegs von BMW zu Beginn des 20. Jahrhunderts stand Franz Josef Popp, ein Visionär, der mit seiner Führungsstärke und seinem technischen Scharfsinn dazu beitrug, einen der weltweit führenden Hersteller von Luxusfahrzeugen und -motorrädern zu formen.

### Der Architekt des Ehrgeizes

Franz Josef Popps Reise bei BMW begann nach dem Ersten Weltkrieg, einer Zeit, die von turbulenten Veränderungen und neuen Möglichkeiten in Technik und Fertigung geprägt war. Als eine der Hauptfiguren bei der Reorganisation und Gründung der Bayerischen Motoren Werke (BMW) im Jahr 1917 trug Popp maßgeblich dazu bei, dass sich das Unternehmen frühzeitig auf die Produktion von Flugmotoren konzentrierte und dabei die durch die Kriegsanstrengungen entstandene Nachfrage nutzte. Es war jedoch seine Vision für die Nachkriegszeit, die die Zukunft von BMW bestimmen sollte.

### Pionierarbeit für ein Vermächtnis

Unter Popps Führung wandelte sich BMW schnell vom Flugzeugmotorenbau zur Produktion von Motorradmotoren und dann von Motorrädern selbst und markierte damit den Beginn seiner Reise in die Welt der Mobilität. Die

Markteinführung der BMW R 32 im Jahr 1923 mit ihrem innovativen Boxermotor und Kardanantrieb war ein entscheidender Moment, der Popps Engagement für technische Exzellenz und seine Fähigkeit, Markttrends vorherzusehen, unter Beweis stellte. Dieses Motorrad setzte nicht nur neue Maßstäbe in puncto Leistung und Zuverlässigkeit, sondern begründete auch den Ruf von BMW als Hersteller von Premium-Motorfahrzeugen.

Popps Weitsicht und strategischer Scharfsinn wurden auch bei der Expansion von BMW in den Automobilbau unter Beweis gestellt. Er erkannte, dass BMW, um in der wettbewerbsintensiven Automobilindustrie erfolgreich zu sein, den Schwerpunkt auf Innovation, Leistung und Qualität legen musste. Mit der Einführung von Fahrzeugen wie dem BMW 3/15 im Jahr 1927 begann die geschichtsträchtige Geschichte von BMW im Automobilbau und verkörperte Popps Prinzipien der Feinmechanik und des Luxus.

**Exzellenz kultivieren**

Franz Josef Popp glaubte fest an die Kraft der Innovation und die Bedeutung von Qualität. Er förderte bei BMW eine Kultur der Exzellenz, die Experimentierfreude und technologischen Fortschritt förderte. Unter seiner Leitung erwarb sich BMW den Ruf, die Grenzen des technisch Machbaren zu erweitern, von Fortschritten in der Motorentechnologie bis hin zur Aerodynamik.

Popps Beharren auf Präzision und Qualität beschränkte sich nicht nur auf die technische Abteilung; Es durchdrang jeden Aspekt der Geschäftstätigkeit von BMW, vom Design über die Produktion bis hin zum Kundenservice. Dieser ganzheitliche Ansatz in Produktion und Geschäft trug dazu bei, die Position von BMW auf dem Markt als Hersteller von hochwertigen Luxusfahrzeugen und -motorrädern zu festigen und die Voraussetzungen für jahrzehntelangen Erfolg zu schaffen.

**Vermächtnis der Präzision**

Das Vermächtnis von Franz Josef Popp bei BMW bemisst sich nicht nur an den frühen Erfolgen des Unternehmens, sondern auch an der dauerhaften Verbundenheit mit den Werten, die er vermittelt hat. Seine Vision für BMW als Vorreiter in Bezug auf Innovation, Qualität und Leistung leitet das Unternehmen auch im 21. Jahrhundert, wenn es sich den neuen Herausforderungen und Chancen in den Bereichen Mobilität und Technologie stellt.

Wenn man über Popps Beiträge nachdenkt, so ist die anhaltende Betonung von BMW auf technische Präzision, Innovation und das Streben nach Exzellenz eine Hommage an seine Führung und Vision. Franz Josef Popp trug durch seine Grundlagenarbeit nicht nur dazu bei, BMW als renommierten Hersteller zu etablieren, sondern prägte auch die Automobil- und Motorradindustrie insgesamt mit.

Die Geschichte von Franz Josef Popp ist ein Zeugnis dafür, welchen Einfluss visionäre Führung und technische Präzision auf die Welt haben können. Sein Vermächtnis lebt in jedem Fahrzeug fort, das das BMW Emblem trägt, ein Symbol für Qualität und Innovation, das im Streben nach Perfektion die Grenzen des Möglichen immer weiter verschiebt.

# Kapitel 21: Ettore Bugatti – Die Kunst der mechanischen Schönheit

Ettore Bugatti, ein Name, der für den Höhepunkt des Automobildesigns und der Automobiltechnik steht, hat sich mit Kreationen, die über den Bereich des Transportwesens hinausgingen und zu Verkörperungen mechanischer Schönheit wurden, eine Nische in den Annalen der Geschichte geschaffen. Bugattis Genie lag in seiner einzigartigen Fähigkeit, Kunst und Technik zu verschmelzen und Automobile zu schaffen, die ebenso atemberaubend anzusehen waren wie sie in ihrer technologischen Leistungsfähigkeit fortschrittlich waren.

**Der Maestro von Molsheim**

In der malerischen Stadt Molsheim im Elsass legte Ettore Bugatti den Grundstein für einen der berühmtesten Namen der Automobilgeschichte. Bugatti war nicht nur ein Autohersteller; Er war ein Mann der Renaissance, dessen Leidenschaft für Ästhetik nur von seinem Engagement für technische Innovation übertroffen wurde. "Schönheit ist genauso wichtig wie Funktionalität", verkündete Bugatti oft, ein Prinzip, das seine Herangehensweise an das Design und die Herstellung von Automobilen leitete.

**Geschwindigkeit beim Formen**

Die Kreationen von Ettore Bugatti waren Wunderwerke ihrer Zeit, Fahrzeuge, die zahlreiche Geschwindigkeitsrekorde aufstellten und gleichzeitig Eleganz und Luxus ausstrahlten. Der Bugatti Typ 35, der 1924 vorgestellt wurde, wurde zu einem der erfolgreichsten Rennwagen aller Zeiten, der nicht nur für seine Siege, sondern auch für sein unverwechselbares Design gefeiert wurde, mit einer wunderschön geformten Karosserie und dem ikonischen hufeisenförmigen Kühlergrill, der zu einem Markenzeichen der Bugatti-Automobile werden sollte.

Bugattis künstlerisches Engagement zeigte sich in jedem Aspekt seiner Entwürfe, von den fließenden Linien seiner Karosserien bis hin zur sorgfältigen Handwerkskunst des Interieurs. Seine Fahrzeuge waren eine Symphonie aus Form und Funktion, bei der jedes noch so kleine Detail auf seinen Beitrag zur Gesamtästhetik und Leistung des Autos geachtet wurde.

**Technische Innovationen**

Abgesehen von ihrem optischen Reiz waren die Autos von Bugatti technologische Meisterwerke. Ettore Bugatti war ein Innovator, der ständig nach Möglichkeiten suchte, die Leistung durch technische Durchbrüche zu verbessern. Er experimentierte mit leichten Materialien, fortschrittlichen Motorkonstruktionen und Aerodynamik und erweiterte dabei immer wieder die Grenzen des Möglichen. Der Bugatti Royale zum Beispiel war nicht nur ein Zeugnis von Luxus, sondern auch ein Schaufenster der technischen Brillanz, mit einem der größten Motoren, die jemals in einem Auto verbaut wurden, und einem Maß an Raffinesse, das neue Maßstäbe für automobile Exzellenz setzte.

## Das Vermächtnis von Ettore Bugatti

Das Genie von Ettore Bugatti ging über die von ihm geschaffenen Fahrzeuge hinaus; sie verkörperte das Ethos der Marke Bugatti, ein Vermächtnis des Strebens nach Perfektion in Form und Funktion. Der Einfluss von Bugatti auf das Automobildesign und die Automobiltechnik ist unermesslich und inspiriert Generationen von Designern und Ingenieuren, in ihren Kreationen nach Schönheit und Exzellenz zu streben.

Ettore Bugattis Leidenschaft für Kunst und Innovation hat die Automobilwelt unauslöschlich geprägt, und seine Autos wurden zu begehrten Schätzen, die den Gipfel mechanischer Schönheit und Ingenieurskunst symbolisieren. Auch heute noch steht der Name Bugatti für ultimativen Luxus und Leistung, ein Beweis für die Vision und Kreativität von Ettore Bugatti.

Wenn man über die Arbeit von Ettore Bugatti nachdenkt, wird klar, dass er nicht nur Autos entwarf; Er schuf Meisterwerke, indem er die Kunst des Designs mit der Wissenschaft des Ingenieurwesens verband, um Fahrzeuge zu schaffen, die als Denkmäler für sein Genie stehen. Das Vermächtnis von Bugatti ist eine Hommage an die Kunst der mechanischen Schönheit, eine Erinnerung an die Kraft von Kreativität und Innovation, das Gewöhnliche zu transzendieren und das Außergewöhnliche zu erreichen.

# Kapitel 22: W.O. Bentley – Das Streben nach Macht

In der Riege der Luxus-Automobilmarken nimmt Bentley Motors einen herausragenden Platz ein, der für Leistung, Prestige und unvergleichliche Leistung steht. Im Mittelpunkt dieses Vermächtnisses steht Walter Owen Bentley, bekannt als W.O. Bentley, dessen Engagement für die Entwicklung und den Einsatz leistungsstarker, zuverlässiger Autos den Grundstein für einen der ikonischsten Namen in der Automobilindustrie legte. Dieses Kapitel zeichnet die bemerkenswerte Reise von W.O. Bentley nach, von seiner frühen Faszination für Geschwindigkeit und Mechanik bis hin zur Gründung von Bentley Motors und der Schaffung eines dauerhaften Vermächtnisses an Luxusleistungen.

**Die Vision des Ingenieurs**

Die Geschichte von W.O. Bentley beginnt in den belebten Straßen Londons, wo seine frühe Karriere als Eisenbahningenieur und seine Leidenschaft für Geschwindigkeit und Maschinen zusammenliefen und ihn in die Automobilwelt führten. Die Vision von Bentley war klar: ein Auto zu schaffen, das Zuverlässigkeit mit außergewöhnlicher Leistung verbindet, ein Fahrzeug, das auf der Rennstrecke dominieren kann und dennoch unvergleichlichen Luxus und Komfort bietet.

Angetrieben von dieser Vision gründete Bentley 1919 Bentley Motors und machte sich auf den Weg, Autos zu bauen, die die Automobillandschaft unauslöschlich prägen sollten. Von Anfang an war Bentleys Ansatz für das

Fahrzeugdesign revolutionär und konzentrierte sich auf technische Innovationen, um überlegene Leistung und Haltbarkeit zu erreichen.

**Die Erschaffung der Legende**

Die Anfangsjahre von Bentley Motors waren geprägt von intensiven Experimenten und Innovationen. Das technische Know-how von W.O. Bentley führte zur Entwicklung fortschrittlicher Motoren, die neue Maßstäbe in Bezug auf Leistung und Effizienz setzten. Die Einführung des Bentley 3 Litre im Jahr 1921 mit seinem leichten, leistungsstarken Motor markierte den Beginn von Bentleys Ruf für die Entwicklung schneller, zuverlässiger Autos, die Spaß machten.

Bentleys Engagement für Leistung entsprach seinem Engagement für Luxus. Jedes Bentley-Fahrzeug wurde sorgfältig gefertigt und kombinierte handgefertigte Präzision mit den besten Materialien, um ein automobiles Erlebnis zu schaffen, das sowohl aufregend als auch elegant war. Die Autos von Bentley waren nicht nur Maschinen; Es waren Kunstwerke, die ein Höchstmaß an Handwerkskunst und Liebe zum Detail widerspiegelten.

**Dominanz auf der Strecke**

Die Leidenschaft von W.O. Bentley für den Rennsport war eine treibende Kraft hinter dem frühen Erfolg der Marke. Bentley Motors etablierte sich schnell als beeindruckender Konkurrent im Motorsport, mit den Bentley Boys – einer Gruppe wohlhabender britischer Autofahrer und begeisterter Bentley-Enthusiasten – die Autos zu zahlreichen

Siegen führte, darunter fünf Siege bei den 24 Stunden von Le Mans in den 1920er Jahren.

Diese Triumphe auf der Rennstrecke waren ein Beweis für Bentleys Ingenieurskunst und die Zuverlässigkeit, Leistung und Ausdauer seiner Fahrzeuge. Sie trugen auch dazu bei, den Ruf von Bentley bei einer elitären Kundschaft zu stärken, die die Marke für ihre Assoziation mit Abenteuer, Sieg und britischer Ingenieurskunst schätzte.

**Ein Vermächtnis von Luxusleistung**

Der Einfluss von W.O. Bentley auf die Automobilindustrie geht weit über seine Beiträge zu Technik und Motorsport hinaus. Er schuf eine Marke, die das Streben nach Macht verkörpert und Leistung mit Luxus auf eine Weise verbindet, wie es noch nie zuvor getan wurde. Bentley Motors verkörpert weiterhin die ursprüngliche Vision von W.O. Bentley und produziert Fahrzeuge, die für ihre Leistung, Handwerkskunst und ihr unvergleichliches Fahrerlebnis verehrt werden.

Im Rückblick auf sein Vermächtnis ist die Philosophie von W.O. Bentley, niemals Kompromisse bei Leistung oder Luxus einzugehen, weiterhin Richley Motors. Sein Pioniergeist, sein Engagement für Innovation und sein unermüdliches Streben nach Perfektion haben den Platz von Bentley im Pantheon der Luxusautomobilmarken gefestigt und ein Vermächtnis geschaffen, das als Symbol britischer automobiler Exzellenz fortbesteht.

Durch die Linse des außergewöhnlichen Lebens und Werks von W.O. Bentley erleben wir die Geburt einer Legende, ein

Zeugnis für die Kraft technischer Brillanz und visionärer Führung. Bentley Motors ist mit seiner geschichtsträchtigen Geschichte und seinem Engagement für Exzellenz eine bleibende Hommage an das Streben nach Kraft, Luxus und Leistung, das die bemerkenswerte Reise von W.O. Bentley geprägt hat.

# Kapitel 23: Kiichiro Toyoda – Jenseits des Webstuhls

In den Annalen der Automobilgeschichte ist die Reise von Kiichiro Toyoda ein Zeugnis für Vision, Innovation und das unermüdliche Streben nach Effizienz. Von den bescheidenen Anfängen des Webstuhlgeschäfts seiner Familie an startete Kiichiro Toyoda ein mutiges Unternehmen, das schließlich den Grundstein für die Toyota Motor Corporation legen sollte, ein Name, der heute für Qualität, Langlebigkeit und das bahnbrechende Toyota-Produktionssystem steht.

**Die Webstühle des Schicksals**

"Jede Maschine, jede Kreation trägt das Potenzial für eine Revolution in sich", sinnierte Kiichiro einst gegenüber seinem Vater Sakichi Toyoda, dem Erfinder des automatischen Webstuhls. Das Webstuhlgeschäft der Familie Toyoda hatte ihnen Erfolg gebracht, doch Kiichiro sah einen anderen Weg für die Zukunft – einen, der über das Weben von Stoffen hinaus auf die Herstellung von Automobilen hinausging.

In den frühen 1930er Jahren, vor dem Hintergrund einer sich entwickelnden Weltwirtschaft und eines aufkeimenden Interesses an motorisierten Fahrzeugen, begann Kiichiro seine Suche nach dem Automobil. "Die Welt ist in Bewegung", verkündete er, "und wir müssen uns mit ihr bewegen. Autos sind die Zukunft, und ich beabsichtige, sie jeder japanischen Familie zugänglich zu machen."

**Den Traum verwirklichen**

Kiichiros Vision stieß auf Skepsis. "Autos? Warum von Webstühlen auf diese Maschinen umleiten?", fragte ein Berater der Familie und wiederholte damit eine damals weit verbreitete Meinung. Aber Kiichiros Entschlossenheit war unerschütterlich. Er glaubte fest an das Potenzial des Automobils, die Gesellschaft zu verändern, und er war bereit, sein Vermächtnis auf diese Überzeugung zu setzen.

Im Jahr 1933 begann Kiichiro in einer Abteilung der Toyoda Automatic Loom Works seinen Ausflug in die Automobilherstellung. Seine ersten Bemühungen konzentrierten sich auf die Produktion von Motoren, ein grundlegender Schritt auf dem Weg zu seinem Traum, Autos zu bauen. 1937 gipfelte dieser Ehrgeiz in der Gründung der Toyota Motor Corporation. Kiichiros Beharrlichkeit hatte Früchte getragen; Toyota war auf dem Weg, Mobilität neu zu definieren.

**Das Streben nach Effizienz**

Kiichiro Toyoda begnügte sich nicht damit, nur Autos zu produzieren; Er strebte danach, die Art und Weise, wie sie hergestellt wurden, zu revolutionieren. Inspiriert von seinen Besuchen in amerikanischen Automobilwerken und beeinflusst von den Prinzipien des Jidoka (Automatisierung mit menschlicher Note) aus dem Webstuhlgeschäft seiner Familie, begann Kiichiro mit der Entwicklung dessen, was später das Toyota Production System (TPS) werden sollte.

"Bei der Effizienz geht es nicht nur um Geschwindigkeit", erklärte Kiichiro seinen Ingenieuren. "Es geht darum,

Verschwendung zu vermeiden, Arbeitsabläufe zu harmonisieren und jeden Mitarbeiter zu befähigen." Diese Philosophie der kontinuierlichen Verbesserung (Kaizen) und des Respekts vor den Menschen wurde zum Fundament von TPS und ermöglichte es Toyota, Fahrzeuge von hoher Qualität zu reduzierten Kosten und mit höherer Effizienz zu produzieren.

**Vermächtnis der Innovation**

Kiichiro Toyodas Übergang von Webstühlen zu Automobilen und seine grundlegende Arbeit bei der Schaffung des Toyota-Produktionssystems markierten ein bedeutendes Kapitel in der Industriegeschichte. Unter seiner Führung wurde Toyota nicht nur zu einem führenden Hersteller von erschwinglichen Fahrzeugen, sondern setzte auch weltweit neue Maßstäbe für Fertigungsexzellenz.

Im Rückblick auf seine Reise bemerkte Kiichiro: "Bei uns ging es nie nur darum, Autos zu bauen. Es ging darum, die Art und Weise zu verändern, wie sich die Welt bewegt, über das Erwartete hinauszugehen, um eine Zukunft zu schaffen, in der Mobilität für alle da ist." Diese dauerhafte Vision hat Toyota an die Spitze der Automobilindustrie katapultiert und Kiichiro Toyodas Vermächtnis als Pionier gefestigt, der über den Webstuhl hinausging, um die Welt neu zu gestalten.

# Kapitel 24: Malcolm Sayer – Der aerodynamische Künstler

Im Lexikon des Automobildesigns wird der Name Malcolm Sayer mit Ehrfurcht ausgesprochen, ein Synonym für die Verbindung von Form und Funktion, die eine Ära der Renn- und Straßenwagen definierte. Als Aerodynamiker mit einem profunden Hintergrund im Flugzeugbau brachte Sayer eine wissenschaftliche Strenge in die Kunst des Autodesigns ein und produzierte einige der ikonischsten Modelle von Jaguar, darunter den C-Type, den D-Type und den legendären E-Type. In diesem Kapitel werden Malcolm Sayers Beiträge zum Automobildesign gefeiert und untersucht, wie sein innovativer Ansatz und seine einzigartige Perspektive die Branche neu geformt und die Welt der Oldtimer unauslöschlich geprägt haben.

**Vom Flugzeug bis zum Automobil**

Malcolm Sayers Weg ins Automobildesign verlief alles andere als konventionell. Als ausgebildeter Flugzeugingenieur verbrachte Sayer seine frühe Karriere in der Konstruktion von Flugzeugen, wo er ein tiefes Verständnis für die Aerodynamik und die Prinzipien des Fliegens entwickelte. "In jeder Linie, jeder Kurve", sagte Sayer, "steckt ein Grund, ein Zweck, der von der Physik und der Schönheit geprägt ist." Sein Wechsel zum Automobildesign brachte eine neue Perspektive zu Jaguar, wo er sein Wissen über Aerodynamik in die Entwicklung einiger der schönsten und effizientesten Autos aller Zeiten einfließen ließ.

**Die Wissenschaft der Geschwindigkeit**

Bei Jaguar führte Sayer die Verwendung mathematischer Formeln und Prinzipien der Aerodynamik in das Fahrzeugdesign ein, ein Ansatz, der zu dieser Zeit revolutionär war. Er nutzte Windkanaltests und komplexe Berechnungen, um die Form seiner Autos zu verfeinern und sie im Hinblick auf Leistung und Effizienz zu optimieren. Der Jaguar C-Type, der von Sayer für das Rennen in Le Mans 1951 entworfen wurde, war eines der ersten Fahrzeuge, das von diesem methodischen Ansatz profitierte, und verfügte über eine leichte, aerodynamisch effiziente Karosserie, die zu seinem Erfolg auf der Rennstrecke beitrug.

**Der D-Type: Eine Legende wird geboren**

Sayers Meisterwerk, der Jaguar D-Type, war ein weiteres Beispiel für sein Genie. Der D-Type wurde für das Rennen in Le Mans 1954 entwickelt und war ein Wunderwerk der aerodynamischen Technik, mit einer markanten Finne hinter dem Fahrersitz, um die Stabilität bei hohen Geschwindigkeiten zu erhöhen. "Der D-Type ist nicht nur ein Auto", erklärte Sayer einmal, "er ist ein Experiment in Form und Funktion, eine Mischung aus Wissenschaft und Kunst." Die Erfolge des D-Type im Rennsport, darunter drei Siege in Le Mans von 1955 bis 1957, festigten Sayers Ruf als Innovator im Automobildesign.

**Der E-Type: Eine Ikone für die Ewigkeit**

Das vielleicht nachhaltigste Vermächtnis von Sayer ist der Jaguar E-Type, der 1961 vorgestellt wurde. Mit seinen langen, fließenden Linien, den geformten Kurven und der unverwechselbaren Silhouette wurde der E-Type als Meisterwerk des Designs gefeiert. Seine Schönheit wurde durch seine Leistung ergänzt, was ihn zu einem der begehrtesten Sportwagen seiner Zeit machte. Sayers Entwurf für den E-Type wurde von seiner Arbeit am D-Type beeinflusst und unterstreicht seinen Glauben an die Einheit von Ästhetik und Aerodynamik. "Der E-Type repräsentiert den Höhepunkt von allem, woran ich glaube", bemerkte Sayer, "die pure Freude, etwas zu entwerfen, das sowohl schön als auch funktional ist."

**Ein Vermächtnis der Innovation**

Malcolm Sayers Arbeit ging über das Automobildesign hinaus und beeinflusste Generationen von Designern und Ingenieuren. Sein Vermächtnis findet sich nicht nur in den ikonischen Jaguar-Modellen, an deren Entwicklung er beteiligt war, sondern auch in der breiteren Wertschätzung der Rolle der Aerodynamik im Automobildesign. Sayers bahnbrechende Anwendung wissenschaftlicher Prinzipien zur Orientierung von Designentscheidungen ebnete den Weg für die moderne Betonung der aerodynamischen Effizienz und Leistung im Automobilbau.

Wenn man über Sayers Einfluss nachdenkt, inspiriert seine Philosophie des Designs als Verschmelzung von Kunst und Wissenschaft weiterhin. "Ein Auto muss mehr sein als ein Fortbewegungsmittel", glaubte Sayer, "es muss ein Ausdruck von Bewegung sein, eine Skulptur, die das Wesen der Geschwindigkeit einfängt." Malcolm Sayers Beiträge zu Jaguar und zur Welt des Automobildesigns sind ein Zeugnis seiner Vision, die den Geist der Innovation und das Streben nach Perfektion für immer einfängt.

# Kapitel 25: Ferdinand Piëch – Der Architekt des modernen Volkswagen

Ferdinand Piëch, dessen Name in die Annalen der Automobilgeschichte eingegangen ist, steht als Architekt des modernen Volkswagen und verwandelte es von einer nationalen Marke in ein globales Kraftpaket. Seine Amtszeit im Volkswagen Konzern ist geprägt von einem visionären Ansatz in der Technik, einem unermüdlichen Streben nach Exzellenz und einer Reihe strategischer Entscheidungen, die das Schicksal des Unternehmens neu definieren sollten.

**Ein Vermächtnis aus dem Genie der Ingenieurskunst**

Die Reise von Ferdinand Piëch bei Volkswagen begann zu einem entscheidenden Zeitpunkt, an dem das Unternehmen vor großen Herausforderungen stand. Piëch, ein Enkel von Ferdinand Porsche und selbst ein versierter Ingenieur, brachte eine einzigartige Mischung aus technischer Brillanz und strategischer Weitsicht in Volkswagen ein. "Um zu führen, muss man zuerst verstehen", sagte Piëch oft und betonte die Bedeutung von Ingenieurskompetenz für die Ausrichtung des Unternehmens. Sein tiefes Verständnis für das Design und die Fertigung von Automobilen sollte die Grundlage bilden, auf der er seine Strategie für die Wiederbelebung und globale Expansion von Volkswagen aufbaute.

**Visionäre Führung und strategische Expansion**

Unter Piëchs Führung schlug Volkswagen einen ambitionierten Weg des Wachstums und der Innovation ein.

Er leitete die Akquisition von Luxusmarken wie Bentley, Bugatti und Lamborghini, erweiterte das Portfolio von Volkswagen und etablierte seine Präsenz auf dem High-End-Automobilmarkt. "Exzellenz kennt keine Grenzen", sagte Piëch während der Akquisitionsphase und unterstrich damit seinen Glauben an das Potenzial von Volkswagen, in jedem Segment des Automobilmarktes zu glänzen.

Piëchs Vision ging über die Markenerweiterung hinaus. Er war maßgeblich an der Entwicklung neuer Technologien und Plattformen beteiligt, die Industriestandards setzen sollten. Die modulare Plattformstrategie, die die gemeinsame Nutzung von Komponenten und Systemen über verschiedene Modelle und Marken innerhalb des Volkswagen Konzerns ermöglichte, war ein Beweis für Piëchs Erfindergeist. Dieser Ansatz rationalisierte nicht nur die Produktionsprozesse, sondern ermöglichte es Volkswagen auch, Innovationen schneller und effizienter zu gestalten.

**Der Bugatti Veyron: Ein Zeugnis der Ingenieurskunst**

Die vielleicht emblematischste Errungenschaft von Piëch ist die Entwicklung des Bugatti Veyron, eines Autos, das Rekorde brach und die Grenzen der automobilen Leistung neu definierte. Der Veyron mit seiner unvergleichlichen Geschwindigkeit und seinem Luxus war für Piëch ein Projekt von persönlichem Interesse, das seine Philosophie verkörperte, dass Volkswagen durch Innovation führend sein sollte. "Der Veyron ist mehr als ein Auto; Es ist ein Symbol dafür, was möglich ist, wenn Vision auf Entschlossenheit trifft", sagte Piëch mit Blick auf das

Fahrzeug, das zum Höhepunkt des Automobilbaus werden sollte.

Die Entwicklung des Veyron war mit Herausforderungen verbunden, von der Erreichen der beispiellosen Höchstgeschwindigkeit bis hin zur Gewährleistung der Zuverlässigkeit bei solch extremen Zeiten. Doch Piëchs unerschütterliches Engagement für das Projekt und sein Beharren auf Perfektion führten zur Schaffung eines Fahrzeugs, das in die Geschichtsbücher eingehen sollte, nicht nur wegen seiner Leistung, sondern auch als Leuchtturm für technische Exzellenz.

**Vermächtnis eines Visionärs**

Der Einfluss von Ferdinand Piëch auf Volkswagen und die Automobilindustrie ist unermesslich. Durch strategische Weitsicht, das Bekenntnis zu Innovation und den tiefen Respekt vor der Technik hat Piëch Volkswagen nicht nur vor dem Scheitern bewahrt, sondern das Unternehmen auch in eine globale Führungsposition gebracht. Sein Vermächtnis zeigt sich im dynamischen Portfolio des Volkswagen Konzerns, in den technologischen Fortschritten, die zu Industriestandards geworden sind, und im anhaltenden Erfolg des Unternehmens.

Wenn man auf seine Amtszeit zurückblickt, inspiriert Piëchs Philosophie der Führung durch technische Exzellenz weiterhin. "Der ultimative Maßstab für Innovation", sagte Piëch einmal, "ist die Freude, die sie denen bereitet, die sie erleben." Die Amtszeit von Ferdinand Piëch bei Volkswagen ist ein Beleg für die transformative Kraft visionärer Führung und die nachhaltige Wirkung, die es hat, die Grenzen des Machbaren im Automobildesign und -bau zu erweitern.

# Kapitel 26: Alejandro de Tomaso – Der Einzelgänger von Modena

Alejandro de Tomaso, ein Name, der Bilder von Geschwindigkeit, Innovation und Kühnheit heraufbeschwört, begab sich auf eine Reise, die seinen Namen in die automobile Legende einbrennen sollte. Als argentinischer Rennfahrer, der zum visionären Unternehmer wurde, war de Tomasos Leben ein Teppich aus kühnen Bewegungen und atemberaubenden Kreationen. Er gründete eine Autofirma im Herzen Italiens und erweckte einige der einzigartigsten und faszinierendsten Sportwagen des 20. Jahrhunderts zum Leben.

**Rennblut, Unternehmergeist**

Geboren in der argentinischen Pampa, wurde Alejandro de Tomasos Leidenschaft für den Rennsport in den weiten Ebenen seiner Heimat entfacht. Es war jedoch Italien, dem Schmelztiegel automobiler Spitzenleistungen, wo seine Rennambitionen und sein Unternehmergeist zusammenliefen. "In Italien habe ich meine Bestimmung nicht nur als Rennfahrer, sondern auch als Schöpfer gefunden", erinnerte sich de Tomaso einmal und fasste damit den Moment zusammen, in dem sein Leben eine entscheidende Wendung in Richtung Automobilbau nahm.

**Die Geburtsstunde von De Tomaso Automobili**

1959 gründete de Tomaso die Firma De Tomaso Automobili in Modena, Italien, einer Stadt, die für automobile Kunst steht. Von Anfang an war die Vision von De Tomaso klar:

Sportwagen zu schaffen, die den feurigen Geist des argentinischen Rennsports mit der unvergleichlichen Handwerkskunst des italienischen Designs verbinden. Seine ersten Autos waren auf den Rennsport ausgerichtet und verkörperten de Tomasos Wurzeln im Motorsport, aber es war sein Ausflug in die Welt der Straßenfahrzeuge, der sein Vermächtnis definieren sollte.

**Ikonische Kreationen: Von Vallelunga bis Pantera**

Alejandro de Tomaso war ein Meister der Innovation, was sich in seiner vielfältigen Fahrzeugpalette zeigt. Der Vallelunga, das erste Serienfahrzeug von De Tomaso, führte ein Mittelmotor-Layout ein und legte damit eine Vorlage für die zukünftigen Entwürfe des Unternehmens. Es waren jedoch der Mangusta und später der Pantera, die de Tomasos Ruf besiegelten. Der Mangusta mit seinen schlanken Linien und dem leistungsstarken Ford-V8-Motor war ein Zeugnis für de Tomasos Design-Ethos. Dennoch wurde der Pantera, der 1971 auf den Markt kam, zum Emblem des Vermächtnisses von De Tomaso – eine Mischung aus aggressivem Design, roher Kraft und einem Hauch italienischer Eleganz. "Der Pantera ist mehr als ein Auto; Es ist ein Statement", verkündete de Tomaso und unterstrich damit seinen Ehrgeiz, ein Fahrzeug zu schaffen, das sowohl ein Performance-Kraftpaket als auch ein Kunstwerk ist.

**Ein Vermächtnis von Innovation und Leidenschaft**

Alejandro de Tomasos Einfluss auf die Automobilindustrie geht über die Autos hinaus, die seinen Namen trugen. Er war ein Pionier bei der Verwendung fortschrittlicher Materialien und experimentierte mit leichten Chassis und innovativen technischen Lösungen, um die Leistung zu verbessern. De Tomasos Kooperationen mit anderen Automobilherstellern, einschließlich seiner Arbeit an der Entwicklung von Luxuslimousinen und seiner kurzen Eigentümerschaft an geschichtsträchtigen Marken wie Maserati, zeigten einmal mehr seine Vielseitigkeit und Vision.

**Das Zeichen des Einzelgängers**

Alejandro de Tomaso war in jeder Hinsicht ein Einzelgänger, angetrieben von der Leidenschaft für den Rennsport und einem unermüdlichen Streben nach automobiler Exzellenz. Seine Reise von den Rennstrecken Argentiniens ins Herz des italienischen Motor Valley ist ein Beweis für seine Entschlossenheit, Kreativität und seinen anhaltenden Einfluss auf die Welt der Sportwagen. "Ich habe mich nie an die Regeln gehalten", sagte de Tomaso einmal, "ich bin meinen Träumen gefolgt." Sein Vermächtnis lebt im Dröhnen des Pantera-Motors, in den schlanken Linien eines Mangusta und im Innovationsgeist weiter, der Automobilhersteller und -enthusiasten gleichermaßen inspiriert.

De Tomasos Geschichte ist geprägt von Leidenschaft, Innovation und unbezwingbarem Geist, was ihn zu einem der wahren Einzelgänger der Automobilwelt macht. Durch seine einzigartige Mischung aus argentinischer Kühnheit und italienischer Handwerkskunst schuf Alejandro de Tomaso eine Nische, die die Landschaft des Sportwagendesigns für immer veränderte und ein Vermächtnis hinterließ, das weiterhin Bewunderung und Ehrfurcht hervorruft.

# Kapitel 27: John DeLorean – Die Form brechen

Die Geschichte von John DeLorean ist eine Geschichte von Ehrgeiz, Kontroversen und einem unermüdlichen Streben nach Innovation, das in der Schaffung eines Autos gipfelte, das zu einer Ikone der Popkultur und des Automobildesigns werden sollte. Der DMC DeLorean mit seinen Flügeltüren und der Edelstahlkarosserie ist sowohl für seine futuristische Ästhetik als auch für die fesselnde Saga seines Schöpfers in Erinnerung geblieben.

**Der Aufstieg eines Visionärs**

John DeLoreans Karriere in der Automobilindustrie war von einer Reihe bemerkenswerter Erfolge geprägt, die sein Talent für Innovation und Marketing unter Beweis stellten. DeLorean stieg bei General Motors auf und war an der Entwicklung einiger der beliebtesten Fahrzeuge der 1960er und 70er Jahre beteiligt, darunter der Pontiac GTO, der oft als erstes echtes "Muscle-Car" angesehen wird. "Ich wollte schon immer mehr tun, als nur mithalten zu können", sagte DeLorean einmal und drückte damit seinen Ehrgeiz aus, automobile Exzellenz neu zu definieren.

**Der Traum von DMC**

1973 führte DeLoreans Vision von einem einzigartigen Sportwagen dazu, General Motors zu verlassen und die DeLorean Motor Company (DMC) zu gründen. Sein Traum war es, ein Auto zu schaffen, das sicher, innovativ und seiner Zeit in Bezug auf Design und Technologie voraus ist. Der

DeLorean DMC-12, der 1981 der Welt vorgestellt wurde, war die Verkörperung dieses Traums. Mit Merkmalen wie Flügeltüren, einer Karosseriestruktur aus Fiberglas mit Edelstahlhaut und einem Heckmotor war der DMC-12 anders als alles, was die Automobilwelt je gesehen hatte.

**Triumphe und Drangsale**

Die Entwicklung des DMC DeLorean war mit Herausforderungen verbunden, von Produktionsverzögerungen bis hin zu finanziellen Schwierigkeiten. Trotz dieser Hürden schwankte DeLoreans Glaube an sein Fahrzeug nie. "Wir bauen nicht nur ein Auto; wir bauen ein Vermächtnis auf", erklärte er oft und betonte das Potenzial der DMC-12, die Branche zu revolutionieren. Doch schon bald kam es zu Kontroversen, die in Rechtsstreitigkeiten und schließlich dem Bankrott von DMC im Jahr 1982 gipfelten, was in einem starken Kontrast zu den hoffnungsvollen Anfängen des Unternehmens stand.

**In der Zeit verewigt**

Während die Geschichte der DeLorean Motor Company von unerfülltem Potenzial geprägt war, sollte der DMC-12 selbst auf der Leinwand als zeitreisendes Auto in der Filmtrilogie "Zurück in die Zukunft" unsterblichen Ruhm erlangen. Diese unerwartete Wendung der Ereignisse festigte den Platz des DeLorean in der Popkultur und sorgte dafür, dass John DeLoreans Vision nicht in Vergessenheit geriet. "In gewisser Weise sollte das Auto schon immer etwas Besonderes sein, etwas mehr als nur ein Transportmittel", bemerkte DeLorean im Rückblick auf das bleibende Vermächtnis des DMC-12.

**Ein komplexes Erbe**

Das Vermächtnis von John DeLorean in der Automobilindustrie ist ebenso komplex wie fesselnd. Als brillanter Ingenieur und visionärer Unternehmer ist sein Ehrgeiz, neue Wege zu gehen und ein Auto einzuführen, das sich den Konventionen widersetzt, ein Beweis für seinen Innovationsgeist. Trotz der Kontroversen, die ihn und das endgültige Schicksal der DeLorean Motor Company umgaben, bleibt der Einfluss von DeLorean auf das Automobildesign und die Automobilkultur unbestreitbar.

Wenn man über die Saga von John DeLorean und dem DMC-12 nachdenkt, wird klar, dass das Ausbrechen mit Risiken verbunden ist, aber auch mit der Möglichkeit, etwas wirklich Unvergessliches zu schaffen. Der DeLorean DMC-12 mit seinem unverwechselbaren Design und seinem Platz in der Filmgeschichte steht als Symbol für Ehrgeiz, Innovation und die anhaltende Kraft, groß zu träumen.

# Kapitel 28: Bruce McLaren – Rennen in Richtung Innovation

Das Vermächtnis von Bruce McLaren im Bereich des Motorsports und der Automobiltechnik ist geprägt von einem unermüdlichen Streben nach Innovation, einer Leidenschaft für den Rennsport und einem visionären Ansatz für Fahrzeugdesign und -leistung. Von den Rennstrecken der Formel 1 bis hin zur Entwicklung einiger der außergewöhnlichsten Supersportwagen, die die Welt je gesehen hat, ist die Reise von McLaren ein Beweis für die Kraft der Entschlossenheit und den Geist der Innovation. Dieses Kapitel ist eine Hommage an Bruce McLaren, den Mann, dessen Träume und Engagement zur Gründung von McLaren Automotive führten, einem Unternehmen, das weiterhin Maßstäbe in Bezug auf Exzellenz und Leistung in der Automobilwelt setzt.

**Der Traum eines jeden Rennfahrers**

Der in Neuseeland geborene Bruce McLaren begann seine Rennkarriere schon in jungen Jahren, angetrieben von einer Leidenschaft für Geschwindigkeit und einem natürlichen Talent hinter dem Lenkrad. Seine frühen Erfolge auf der Rennstrecke erregten schnell die Aufmerksamkeit der internationalen Rennsportgemeinde und führten zu seiner Teilnahme an der Formel 1. McLarens Können als Fahrer wurde nur von seiner Neugier und seinem technischen Scharfsinn übertroffen. "Etwas gut zu machen ist so wertvoll, dass es nicht tollkühn sein kann, bei dem Versuch zu sterben, es besser zu machen", sagte McLaren einmal, um seine

Herangehensweise an den Rennsport und das Leben auf den Punkt zu bringen.

**Gründung von McLaren Automotive**

Im Jahr 1963 gründete Bruce McLaren die Bruce McLaren Motor Racing Ltd., das Unternehmen, aus dem später McLaren Automotive hervorging. Seine Vision war klar: ein Rennteam und einen Autohersteller zu schaffen, die seine Ideale von Innovation, Leistung und Exzellenz verkörpern würden. McLarens praktischer Ansatz in Bezug auf Technik und Design führte zur Entwicklung bahnbrechender Rennwagen, und seine Bemühungen trugen maßgeblich dazu bei, dass McLaren seinen Platz als dominierende Kraft in der Formel 1 sicherte.

**Das Streben nach Perfektion**

Bruce McLarens Beiträge zur Automobiltechnik reichten über die Rennstrecke hinaus. Er war ein Pionier bei der Verwendung von Kohlefaser und anderen fortschrittlichen Materialien im Automobilbau, die die Leistung und Sicherheit erheblich verbesserten. McLarens Streben nach Perfektion führte auch zu Innovationen in den Bereichen Aerodynamik und Fahrdynamik, von denen viele zum Standard in der Branche geworden sind. "Es reicht nicht aus, nur schnell zu sein. man muss besser werden – in jeder Hinsicht", bekräftigte McLaren und trieb sein Team an, die Grenzen des Machbaren immer weiter zu verschieben.

**Ein Vermächtnis der Exzellenz**

Tragischerweise wurde das Leben von Bruce McLaren 1970 während einer Testsession auf dem Goodwood Circuit in England beendet. Sein Vermächtnis lebt jedoch durch McLaren Automotive weiter, das weiterhin an der Spitze der automobilen Innovation und Leistung steht. Die Supersportwagen des Unternehmens, vom legendären McLaren F1 bis zum bahnbrechenden McLaren P1™, verkörpern die Prinzipien, für die sich Bruce McLaren einsetzte: Spitzentechnologie, außergewöhnliche Leistung und ein unermüdliches Streben nach Exzellenz.

**Wettlauf in die Zukunft**

Heute tritt McLaren Automotive nicht nur auf höchstem Niveau im Motorsport an, sondern produziert auch Supersportwagen, die ein unvergleichliches Fahrerlebnis bieten. Der Geist von Bruce McLaren – seine Innovation, sein Engagement und seine Leidenschaft für den Rennsport – durchdringt jeden Aspekt des Unternehmens. "Das Leben wird an Leistung gemessen, nicht nur an Jahren", bemerkte McLaren einmal, eine Philosophie, die McLaren Automotive weiterhin in seinem Bestreben leitet, die Grenzen von Leistung und Technik neu zu definieren.

Bruce McLarens Weg von einem jungen Rennfahrer aus Neuseeland zum Gründer eines der renommiertesten Namen in der Automobilgeschichte ist eine Geschichte von Leidenschaft, Innovation und einem unerschütterlichen Engagement für Spitzenleistungen. Sein Vermächtnis zeigt sich nicht nur in den Autos, die seinen Namen tragen, oder in den Trophäen, die sein Rennteam gewonnen hat, sondern auch in dem kontinuierlichen Streben nach Innovation und Exzellenz, das McLaren Automotive auszeichnet. Durch die Vision von Bruce McLaren ist das Rennen um Innovation zu einem dauerhaften Streben geworden, das zukünftige Generationen dazu inspiriert, große Träume zu haben und die Grenzen des Möglichen zu erweitern.

# Kapitel 29: William C. Durant – Der Architekt von General Motors

Im Pantheon der Figuren, die die amerikanische Automobilindustrie geprägt haben, steht William C. Durant als Koloss. Als dynamischer Gründer von General Motors veränderten Durants visionäre Geschäftsansätze und sein unerschütterlicher Glaube an die Kraft des Automobils die amerikanische Transportlandschaft grundlegend.

### Die Entstehungsgeschichte eines Visionärs

Der 1861 geborene William Crapo Durant war ein Mann von grenzenloser Energie und Ehrgeiz. Durant, der sich zunächst in der Kutschenbranche einen Namen gemacht hatte, erkannte schnell das Potenzial des Automobils, die persönliche und kommerzielle Mobilität neu zu definieren. Es waren jedoch nicht nur die Autos selbst, die Durants Fantasie beflügelten – es war das riesige, ungenutzte Potenzial des Automobilmarktes.

In einem Gespräch mit einem engen Mitarbeiter sinnierte Durant einmal: "Das Auto ist nicht nur ein Luxus – es ist die Zukunft des Transports. Warum sollten wir nicht für jeden Geldbeutel und Zweck ein Auto anbieten?" Diese einfache Frage legte den Grundstein für das, was General Motors werden sollte.

### Aufbau des General Motors Imperiums

Im Jahr 1908, mit der Gründung von General Motors, begann Durant, seine große Vision zum Leben zu erwecken. Seine

Strategie war revolutionär: Anstatt sich auf eine einzige Marke oder ein einzelnes Modell zu konzentrieren, versuchte Durant, ein Konglomerat zu schaffen, das eine breite Palette von Fahrzeugen für jedes Marktsegment anbieten konnte.

Durch eine Reihe mutiger Übernahmen begann Durant, ein Portfolio von Unternehmen zusammenzustellen, die General Motors definieren sollten, darunter Buick, Oldsmobile, Cadillac und Chevrolet.
Durants Ansatz war nicht ohne Herausforderungen. Seine aggressive Expansion und die finanziellen Risiken, die er einging, führten zu Zusammenstößen mit Investoren und Vorstandsmitgliedern. Doch selbst im Angesicht der Widrigkeiten blieb Durant standhaft in seiner Überzeugung, dass Vielfalt und Größe der Schlüssel zur Dominanz auf dem Automobilmarkt sind.

**Ein Vermächtnis von Innovation und Einfluss**

Die Wirkung von Durants Vision reichte weit über das Fließband hinaus. Er war ein Pionier im Bereich Marketing und Branding und erkannte früh, wie wichtig es ist, eine starke emotionale Bindung zwischen den Verbrauchern und ihren Autos aufzubauen. General Motors gehörte zu den ersten, die das Konzept der Modelljahre, der Automobilfinanzierung und der Servicenetze einführten – Innovationen, die zu Industriestandards werden sollten.

Durants Amtszeit bei General Motors war ein Zeugnis für die Höhen und Tiefen des Unternehmergeistes. Obwohl er nicht nur einmal, sondern zweimal aus dem von ihm gegründeten Unternehmen gedrängt wurde, ist sein Einfluss auf General

Motors und die Automobilindustrie als Ganzes unbestreitbar. "Ich war schon immer getrieben davon, aufzubauen, zu wachsen, zu erobern", sagte Durant einmal, als er über seine Karriere nachdachte. Es war dieser unermüdliche Antrieb, der den Grundstein für eines der größten und vielfältigsten Automobilunternehmen der Welt legte.

**Der Bauplan des Architekten**

William C. Durants Vermächtnis ist geprägt von Visionen, Ehrgeiz und Widerstandsfähigkeit. Mit der Gründung von General Motors prägte er nicht nur die amerikanische Automobillandschaft, sondern definierte auch die Beziehung zwischen Mensch und Maschine neu. Auch heute noch spiegelt General Motors Durants grundlegende Vision wider, ein Auto für jeden Geldbeutel und Zweck anzubieten, und steht als Denkmal für seinen Glauben an die transformative Kraft des Automobils.

Wenn wir über die Zukunft des Verkehrs nachdenken, erinnert uns Durants Geschichte daran, dass es bei Innovation nicht nur um Technologie geht – es geht darum, das Potenzial für Veränderungen zu erkennen und den Mut zu haben, sie zu verfolgen, auch im Angesicht der Unsicherheit. William C. Durant, der Architekt von General Motors, bleibt eine wegweisende Figur in der Geschichte der amerikanischen Industrie, ein Mann, dessen Träume und Entschlossenheit uns weiterhin voranbringen.

# Kapitel 30: Henry Leland – Feinmechanik und die Geburt von Cadillac

Henry Leland ist eine monumentale Figur in der Automobilindustrie, ein Pionier, dessen unerschütterliches Engagement für Präzisionsfertigung und Qualität amerikanische Luxusfahrzeuge neu definierte. Als Vater von Cadillac und später Lincoln hob Leland mit seinem Beharren auf der Austauschbarkeit der Teile und seinen akribischen technischen Standards nicht nur seine Unternehmen auf, sondern setzte auch neue Maßstäbe für die gesamte Branche.

**Die Entstehung von Cadillac**

Zu Beginn des 20. Jahrhunderts erlebte die Automobilindustrie einen Aufschwung, der jedoch von Qualitätsschwankungen und mangelnder Standardisierung geprägt war. Hier kommt Henry Leland ins Spiel, ein Maschinistenmeister und Erfinder mit der Vision, die Feinmechanik in das aufstrebende Feld einzuführen. Lelands Gelegenheit ergab sich, als er eingeladen wurde, die Vermögenswerte der Henry Ford Company, eines angeschlagenen Automobilherstellers, zu bewerten.

Anstatt das Unternehmen zu zerschlagen, schlug Leland eine kühne Idee vor: Er sollte seine feinmechanischen Techniken nutzen, um eine neue Reihe von Automobilen zu schaffen. Aus dieser Vision entstand 1902 Cadillac, benannt nach dem Gründer von Detroit, Antoine Laumet de La Mothe, sieur de Cadillac.

## Ein Bekenntnis zur Qualität

Lelands Philosophie war einfach, aber revolutionär: Jedes Teil eines Fahrzeugs sollte nach so genauen Standards gefertigt werden, dass es mit seinem Gegenstück in jedem anderen Fahrzeug desselben Modells austauschbar sein kann. Dieser Ansatz verbesserte nicht nur die Qualität und Zuverlässigkeit der Cadillac-Fahrzeuge, sondern rationalisierte auch den Herstellungsprozess, ein starker Kontrast zu den damals vorherrschenden, handgefertigten Methoden.

"Man muss immer tausendmal messen und einmal schneiden", sagte Leland oft, um seine akribische Herangehensweise an die Fertigung auf den Punkt zu bringen. Sein Engagement für Qualität wurde bald auf der Weltbühne anerkannt. Im Jahr 1908 wurde Cadillac vom Royal Automobile Club of England mit der Dewar Trophy für die Demonstration der Austauschbarkeit seiner Teile ausgezeichnet – eine beispiellose Anerkennung, die den Ruf von Cadillac als Standard für die Welt einläutete.

## Die Geburt von Lincoln und darüber hinaus

Lelands Reise endete nicht mit Cadillac. Während des Ersten Weltkriegs gründete er die Lincoln Motor Company, um Liberty-Flugzeugmotoren zu produzieren, wobei er die gleichen Prinzipien von Präzision und Qualität auf die Luftfahrtfertigung anwendete. Nach dem Krieg verlagerte Lincoln seinen Schwerpunkt auf die Produktion von Luxusautomobilen und festigte damit Lelands Vermächtnis in der Automobilindustrie weiter.

Trotz finanzieller Schwierigkeiten, die schließlich zum Verkauf von Lincoln an die Ford Motor Company führten, blieb Lelands Einfluss bestehen. Sein Engagement für Präzision und Qualität legte den Grundstein für die Zukunft des Luxusautomobilbaus und beeinflusste Generationen von Ingenieuren und Designern.

**Vermächtnis der Feinmechanik**

Henry Lelands Beharren auf Präzisionsfertigung und der Austauschbarkeit von Teilen veränderte die Automobilindustrie grundlegend. Indem er die Standards für Qualität und Luxus bei amerikanischen Fahrzeugen erhöhte, baute Leland nicht nur zwei der ikonischsten Marken der Automobilgeschichte auf, Cadillac und Lincoln, sondern legte auch die Grundprinzipien, die die Branche weiterhin vorantreiben.

Wenn man über Lelands Beiträge nachdenkt, wird klar, dass sein Vermächtnis nicht nur in den Fahrzeugen liegt, die seine Handschrift tragen, sondern auch in dem Ethos von Präzision, Qualität und Innovation, das er in die Automobilwelt eingebracht hat. Henry Lelands Vision und sein Engagement für Exzellenz ebneten den Weg für das moderne Luxusautomobil und brachten ihm einen Platz unter den einflussreichsten Persönlichkeiten in der Geschichte des Automobilbaus ein.

# Kapitel 31: Michio Suzuki – Von Webstühlen zu Gassen

Die Geschichte von Michio Suzuki, dem Gründer der Suzuki Motor Corporation, ist eine Erzählung, die reich an Widerstandsfähigkeit, Innovation und Anpassungsfähigkeit ist. Zu Beginn seiner Reise in den Bereich der Webstuhlherstellung markierte Suzukis visionärer Wechsel von Webmaschinen in die Welt der Automobil- und Motorradtechnik nicht nur die Geburt eines globalen Konglomerats, sondern verdeutlichte auch seine bemerkenswerte Fähigkeit, sich durch den Wandel der Zeit zu navigieren und erfolgreich zu sein.

## Das Fundament weben

Im Jahr 1909 gründete Michio Suzuki die Suzuki Loom Manufacturing Co. in dem kleinen Küstendorf Hamamatsu in Japan. Seine innovativen Webmaschinen erwarben sich schnell einen Ruf für Zuverlässigkeit und Effizienz und verhalfen dem Unternehmen zum Erfolg in der Textilindustrie. Der Ehrgeiz von Suzuki ging jedoch über die Welt des Webens hinaus. "Um unser Leben zu bereichern, müssen wir Veränderungen annehmen und den Status quo in Frage stellen", bemerkte er einmal und reflektierte damit seinen angeborenen Drang nach Innovation und Verbesserung.

## Der Wandel zur Mobilität

In den frühen 1930er Jahren, als Michio Suzuki die Grenzen des Wachstums im Webstuhlgeschäft erkannte und durch den expandierenden Automobilmarkt inspiriert wurde, begann er, die Möglichkeit einer Diversifizierung in den Fahrzeugbau zu erkunden. Diese Entscheidung wurde von dem Wunsch angetrieben, zur Mobilität und Unabhängigkeit der japanischen Bevölkerung beizutragen, insbesondere in ländlichen Gebieten, in denen die Transportmöglichkeiten begrenzt waren.

Suzukis Vorstoß in die Automobilwelt begann mit der Entwicklung eines kleinen, erschwinglichen Autos. Der Ausbruch des Zweiten Weltkriegs und die darauf folgenden Einschränkungen der zivilen Fahrzeugproduktion in Japan zwangen Suzuki jedoch, seine automobilen Ambitionen vorübergehend einzustellen. Unbeirrt schwenkten Suzuki und sein Unternehmen auf den unmittelbaren Bedarf um, trugen zu den Kriegsanstrengungen bei und legten gleichzeitig den Grundstein für zukünftige Unternehmungen.

**Aufbruch in eine neue Ära**

Die Nachkriegszeit bot Suzuki die Möglichkeit, seine automobilen Träume wieder aufleben zu lassen und zu verwirklichen. Im Jahr 1952 stellte die Suzuki Motor Corporation ihr erstes motorisiertes Fahrrad vor, das Power Free, das entwickelt wurde, um den Massen einen erschwinglichen und zuverlässigen Transport zu ermöglichen. Das innovative Doppelritzel-Getriebe des Power Free, das eine Tretunterstützung ermöglichte, demonstrierte das anhaltende Engagement von Suzuki für Einfallsreichtum und benutzerfreundliches Design. "Unser Ziel ist es, Produkte zu entwickeln, die Komfort und Freude in das Leben der Menschen bringen", fasste Suzuki seine Vision für die Zukunft des Unternehmens zusammen.

## Kompaktwagen und globale Expansion

Auf Suzukis Vorstoß in die Motorradherstellung folgte bald eine Rückkehr zu seinen früheren Ambitionen, die Automobilproduktion. Im Jahr 1955 brachte die Suzuki Motor Corporation den Suzulight auf den Markt, einen Kompaktwagen mit Frontantrieb, Allrad-Einzelradaufhängung und Zahnstangenlenkung – Merkmale, die zu dieser Zeit revolutionär waren. Der Erfolg des Suzulight legte den Grundstein für den Ruf von Suzuki als Hersteller von Kompaktwagen, der Effizienz, Innovation und Zugänglichkeit in den Vordergrund stellte.

Unter der Führung von Michio Suzuki erweiterte die Suzuki Motor Corporation ihre Reichweite über Japan hinaus und wurde zu einem globalen Namen sowohl im Motorrad- als auch im Automobilbau. Die Anpassungs- und Innovationsfähigkeit von Suzuki, die sich erstmals beim Übergang von Webstühlen zu Fahrzeugen zeigte, wurde zu einem bestimmenden Merkmal der Unternehmensphilosophie.

## Vermächtnis der Resilienz und Anpassungsfähigkeit

Michio Suzukis Weg von der Leitung eines erfolgreichen Webstuhlgeschäfts zur Gründung eines Automobilimperiums ist ein Beweis für seine Widerstandsfähigkeit, Anpassungsfähigkeit und visionäre Führung. Durch den nahtlosen Übergang von Webstühlen zu Fahrspuren navigierte Suzuki sein Unternehmen nicht nur durch Zeiten tiefgreifender Veränderungen, sondern prägte ihm auch ein Vermächtnis der Innovation, das die Suzuki Motor Corporation weiterhin vorantreibt.

Wenn man über die Beiträge von Michio Suzuki nachdenkt, wird deutlich, dass sein Erfolg auf einem tiefen Verständnis für die Bedürfnisse der Zeit und einem unerschütterlichen Engagement beruhte, diese Bedürfnisse durch Einfallsreichtum und harte Arbeit zu erfüllen. Die Geschichte von Michio Suzuki ist eine eindringliche Erinnerung an den Einfluss, den die Vision und Entschlossenheit eines Einzelnen auf die Welt haben können, und inspiriert zukünftige Generationen, große Träume zu haben und den Weg der Innovation einzuschlagen.

# Kapitel 32: Yoshisuke Aikawa – Der industrielle Visionär von Nissan

Die Geschichte von Yoshisuke Aikawa ist eine fesselnde Erzählung über Vision, Widerstandsfähigkeit und industrielle Innovation. Als Gründer von Nissan war Aikawas Traum, "Autos für die Nation zu bauen", nicht nur eine Blaupause für einen Automobilgiganten, sondern auch ein Beweis für seinen Glauben an die Kraft der Fertigung, die Gesellschaft zu erheben und zu verändern. Dieses Kapitel befasst sich mit dem Leben von Yoshisuke Aikawa und untersucht, wie seine Weitsicht und Führung Nissan durch die turbulenten Zeiten des Krieges und des Wiederaufbaus nach dem Krieg navigierten und den Grundstein für ein globales Unternehmen legten.

**Die Entstehung eines industriellen Visionärs**

Yoshisuke Aikawa wurde in eine Familie von Unternehmern und Gelehrten hineingeboren und war schon in jungen Jahren von einem Sinn für Zielstrebigkeit und einem Drang nach Innovation durchdrungen. Sein früher Ausflug in die Welt der Zaibatsu (Konglomerate), der 1928 in der Gründung von Nihon Sangyo (Japan Industries) oder Nissan gipfelte, markierte den Beginn seiner Reise zur Verwirklichung seines automobilen Traums. "Um unser Land zu bereichern, müssen wir zuerst industrialisieren", sagte Aikawa oft und unterstrich seinen Glauben an die Produktion als Eckpfeiler des nationalen Wohlstands.

**Durch Herausforderungen steuern**

Der Weg in die Automobilfertigung war voller Herausforderungen. Die Anfangsjahre von Nissan waren geprägt von den Bemühungen, verschiedene Hersteller von Automobilteilen unter einem Dach zu konsolidieren, die Zusammenarbeit zu fördern und die Produktion zu rationalisieren. Der Beginn des Zweiten Weltkriegs und die anschließende Fokussierung auf die militärische Produktion stellten jedoch erhebliche Hindernisse für Aikawas Vision einer zivilen Automobilproduktion dar.

Trotz dieser Herausforderungen blieb das Engagement von Aikawa für Innovation und industrielles Wachstum unerschütterlich. Er erkannte die Bedeutung von Forschung und Entwicklung für den Wiederaufbau nach dem Krieg und war maßgeblich daran beteiligt, den Grundstein für den Eintritt von Nissan in den globalen Automobilmarkt zu legen.

**"Autos für die Nation bauen"**

Das Japan der Nachkriegszeit stand vor zahlreichen Herausforderungen, von der wirtschaftlichen Erholung bis hin zum Modernisierungsbedarf. Aikawa sah diese Herausforderungen als Chance, seinen Traum zu verwirklichen, "Autos für die Nation zu bauen". Unter seiner Leitung führte Nissan Fahrzeuge ein, die auf die Bedürfnisse der japanischen Bevölkerung zugeschnitten waren und sich auf Erschwinglichkeit, Zuverlässigkeit und Effizienz konzentrierten.

Einer der wichtigsten Beiträge von Aikawa war seine Betonung der Arbeitsbeziehungen und des Wohlergehens der Arbeiter, da er erkannte, dass eine motivierte und zufriedene Belegschaft der Schlüssel zu Produktivität und Innovation ist. "Unser größtes Kapital sind unsere Mitarbeiter", erklärte Aikawa und förderte eine Kultur des Respekts und der Zusammenarbeit, die zu einem Markenzeichen der Unternehmensphilosophie von Nissan werden sollte.

**Vermächtnis von Innovation und Erfolg**

Yoshisuke Aikawas Vision ging über den unmittelbaren Erfolg von Nissan hinaus. Ihm schwebte eine Automobilindustrie vor, die nicht nur den wirtschaftlichen Wohlstand fördern, sondern auch den gesellschaftlichen Fortschritt fördern würde. Durch strategische Partnerschaften, technologische Innovation und ein Engagement für Qualität hat Aikawa Nissan zu einem führenden Unternehmen in der Automobilwelt gemacht.

Auch nach seinem Rücktritt von seiner Führungsrolle blieb Aikawas Einfluss auf Nissan und die gesamte Industrielandschaft Japans tiefgreifend. Sein Vermächtnis ist geprägt von visionärer Führung und anhaltendem Erfolg, was die Auswirkungen industrieller Innovationen auf die nationale Entwicklung und die globale Wettbewerbsfähigkeit verdeutlicht.

Wenn man über das Leben und die Errungenschaften von Yoshisuke Aikawa nachdenkt, wird klar, dass es bei seinem Traum, "Autos für die Nation zu bauen", nicht nur um die Herstellung von Fahrzeugen ging, sondern auch um die Förderung von Fortschritt, Einheit und Widerstandsfähigkeit. Durch seinen Pioniergeist und sein

Engagement baute Aikawa nicht nur ein Automobilimperium auf, sondern trug auch zur Gestaltung des modernen Japans bei und hinterließ unauslöschliche Spuren in der Branche und der Welt.

# Kapitel 33: Genichi Kawakami – Yamahas Melodie auf den Straßen

Die Geschichte von Genichi Kawakami ist eine Symphonie aus Innovation, Vision und der harmonischen Verschmelzung scheinbar unterschiedlicher Welten: die akribische Handwerkskunst von Musikinstrumenten und die technische Stärke, die für den Automobilbau erforderlich ist. Als Leiter eines renommierten Musikinstrumentenherstellers traf Kawakami eine mutige Entscheidung, die die Marke Yamaha von den Konzertsälen auf die offenen Straßen ausdehnen sollte und damit den Einstieg von Yamaha in die Automobilwelt markierte.

## Der unwahrscheinliche Übergang

Unter der Führung von Genichi Kawakami hatte sich die Yamaha Corporation bereits als weltweit führendes Unternehmen in der Herstellung von Musikinstrumenten etabliert. In der Nachkriegszeit sah Kawakami jedoch die Möglichkeit, das Know-how des Unternehmens in Metallurgie und Präzisionshandwerk für ein neues Projekt einzusetzen: Motorräder. "Die Anpassung unserer Fähigkeiten an die Bedürfnisse der heutigen Zeit ist der Schlüssel zum Wachstum", sagte Kawakami über seine Entscheidung, die Fertigung von Yamaha zu diversifizieren.

## Ingenieurskunst trifft auf Kunstfertigkeit

Kawakamis Herangehensweise an die Herstellung von Motorrädern wurde von seinem Hintergrund in Musikinstrumenten beeinflusst. Er bestand darauf, dass die

Motorräder von Yamaha nicht nur hervorragende Leistungen erbringen, sondern auch ein Maß an Ästhetik und Liebe zum Detail besitzen, das dem ihrer Musikinstrumente ähnelt. Diese Philosophie führte zur Entwicklung von Motorrädern, die für ihre Zuverlässigkeit, Leistung und Schönheit bekannt waren. "Unsere Motorräder müssen auf der Straße singen wie unsere Klaviere in Konzertsälen", sagte Kawakami und fasste damit seine Vision von Produkten zusammen, die technische Präzision mit Kunstfertigkeit verbinden.

**Yamahas melodisches Debüt**

Yamahas Einstieg in die Motorradindustrie kam mit der YA-1, die liebevoll "Aka-tombo" (Rote Libelle) genannt wurde. Die 1955 vorgestellte YA-1 war nicht nur ein Beweis für die technischen Fähigkeiten von Yamaha, sondern auch ein Beweis für das Engagement des Unternehmens für Qualität und Innovation. Der Erfolg der YA-1 bei Langstreckenrennen und ihre Zuverlässigkeit im Alltag machten Yamaha schnell zu einem beeindruckenden Akteur in der Motorradindustrie.

**Erweiterung der Harmonie**

Genichi Kawakamis Vision für Yamaha ging über die Dominanz in der Motorradindustrie hinaus. Er glaubte an das Potenzial von motorisierten Fahrzeugen, das Leben der Menschen zu bereichern, was zur Diversifizierung der Produktpalette von Yamaha um Roller, Boote und sogar Autos führte. Kawakamis zukunftsorientierter Ansatz bei der Produktentwicklung und sein Beharren auf Qualität und Innovation wurden zu den treibenden Kräften für das kontinuierliche Wachstum und den Erfolg von Yamaha.

## Vermächtnis eines Visionärs

Das Vermächtnis von Genichi Kawakami beschränkt sich nicht nur auf den Erfolg der Yamaha Motor Corporation. Sie findet sich auch in der Philosophie, die seine Führung leitete. Seine Fähigkeit, über die konventionellen Grenzen der Industrie hinauszublicken, und sein Engagement, Technik mit Kunst zu verbinden, haben Yamaha und die gesamte Welt des Automobilbaus unauslöschlich geprägt.

Wenn man über Kawakamis Beiträge nachdenkt, wird klar, dass seine größte Errungenschaft darin bestand, die Kraft der Vision, der Vielseitigkeit und des Strebens nach Exzellenz zu demonstrieren. Yamahas Melodie auf der Straße, die durch Kawakamis mutige Entscheidung, sich in den Bereich Motorräder zu wagen, ausgelöst wurde, hallt weiterhin nach und symbolisiert Innovation, Qualität und die schöne Harmonie zwischen Funktionalität und Design. Durch den Pioniergeist von Genichi Kawakami hat sich Yamaha nicht nur eine Nische in der Automobilwelt geschaffen, sondern auch ein Vermächtnis geschaffen, das die Verschmelzung von Technik und Kunst lobt und zukünftige Generationen zu Träumen und Innovationen inspiriert.

# Kapitel 34: Henri Pescarolo – Der unvergängliche Geist von Le Mans

Die 24 Stunden von Le Mans, ein Schmelztiegel aus Ausdauer, Technologie und menschlicher Entschlossenheit, haben die Karrieren unzähliger Fahrer geprägt, aber nur wenige verkörpern den Geist dieses legendären Rennens so vollständig wie Henri Pescarolo. Als fester Bestandteil von Le Mans ist Pescarolo ein Synonym für unermüdliche Beharrlichkeit, Innovation und eine tiefe Leidenschaft für den Motorsport.

**Eine Legende übernimmt das Steuer**

Henri Pescarolos Beziehung zu den 24 Stunden von Le Mans begann in den späten 1960er Jahren und markierte den Beginn einer Reise, die ihn zu einer der am meisten verehrten Persönlichkeiten in der Geschichte der Veranstaltung machen sollte. Im Laufe der Jahrzehnte wurde Pescarolos anhaltende Präsenz in Le Mans, die sich durch seinen markanten grünen Helm auszeichnete, zu einem Symbol für die unerbittliche Herausforderung des Rennens und den unnachgiebigen Geist, der erforderlich ist, um sich ihr zu stellen.

**Der Test der Belastbarkeit**

Le Mans ist mehr als ein Rennen. Es ist ein Härtetest, ein 24-Stunden-Marathon, der sowohl dem Auto als auch dem Fahrer alles abverlangt. Pescarolo nahm diese Herausforderung an und brachte sich und seine Fahrzeuge an die Grenzen seiner Belastbarkeit. "Le Mans ist ein Rennen, das dir alles abverlangt", sagte Pescarolo einmal. "Um hier erfolgreich zu sein, braucht man mehr als Geschwindigkeit. Man braucht Resilienz, Strategie und einen unerschütterlichen Willen, durchzuhalten." Pescarolos Siege in Le Mans in den 1970er Jahren waren ein Beweis dafür, dass er diese Anforderungen meisterte und sein Vermächtnis als wahre Ikone des Langstreckensports festigte.

**Innovation auf der Strecke**

Pescarolos Verdienste um Le Mans gehen über seine Erfolge als Fahrer hinaus. Sein Wechsel in die Teamverantwortung und das Management durch Pescarolo Sport ermöglichte es ihm, das Rennen aus einer neuen Perspektive zu beeinflussen und sich auf die Fahrzeugentwicklung und die Teamstrategie zu konzentrieren. Unter seiner Leitung wurde Pescarolo Sport für seine innovativen Ansätze in Bezug auf Aerodynamik, Motorleistung und Kraftstoffeffizienz bekannt, was Pescarolos Überzeugung von der Bedeutung des technologischen Fortschritts im Motorsport widerspiegelt. "Innovation ist das Herzstück von Le Mans", sagte er. "Jedes Jahr kommen wir nicht nur, um uns zu messen, sondern um die Grenzen dessen zu erweitern, was unsere Autos leisten können."

**Das menschliche Element**

Im Mittelpunkt von Henri Pescarolos geschichtsträchtiger Karriere steht ein unerschütterliches Engagement für das menschliche Element des Rennsports. Le Mans ist eine Teamleistung, bei der Fahrer, Ingenieure und Betreuer perfekt zusammenarbeiten müssen. Die Führung von Pescarolo betonte den Wert von Teamwork, Hingabe und gegenseitigem Respekt – Qualitäten, die für den Erfolg in Le Mans ebenso entscheidend sind wie die Technologie in den Autos selbst. "Es sind die Menschen, die Le Mans zu dem machen, was es ist", bemerkte Pescarolo und hob die kollektive Anstrengung hervor, die das Rennen ausmacht.

**Das Vermächtnis einer Le-Mans-Legende**

Henri Pescarolos Vermächtnis bei den 24 Stunden von Le Mans ist ein reicher Teppich aus Triumph, Innovation und unbezwingbarem Geist. Durch seine Siege, Herausforderungen und Beiträge zum Sport hat Pescarolo die Essenz dessen auf den Punkt gebracht, was Le Mans zu einem entscheidenden Ereignis in der Welt des Motorsports macht. Sein unerschütterlicher Geist inspiriert Fahrer, Teams und Fans und erinnert ihn an die einzigartige Fähigkeit des Rennens, die Grenzen von Ausdauer, Technologie und menschlicher Entschlossenheit auszutesten.

Wenn wir über Henri Pescarolos Einfluss auf die 24 Stunden von Le Mans nachdenken, wird klar, dass es in seiner Geschichte nicht nur um den Rennsport geht. Es geht um das unermüdliche Streben nach Exzellenz, den Drang, Widrigkeiten zu überwinden, und die Leidenschaft, die den menschlichen Geist antreibt. Pescarolos Reise in Le Mans ist ein Beweis für die anhaltende Bedeutung des Rennens und seine Rolle, die uns dazu bringt, über unsere Grenzen hinauszugehen und uns herauszufordern, größer zu träumen, härter zu pushen und nach Großartigem zu streben.

# Kapitel 35: Thierry Sabine – Die Seele der Rallye Dakar

Thierry Sabine, der rätselhafte Gründer der Rallye Dakar, hat ein Vermächtnis hinterlassen, das so groß und beständig ist wie die Sahara selbst. Sabines Kreation der Rallye Dakar war nicht nur eine Bereicherung für die Welt des Motorsports. Es war die Geburtsstunde einer Odyssee, einer Herausforderung, die die Grenzen menschlicher und mechanischer Ausdauer in den unerbittlichen Weiten der Wüste auf die Probe stellt.

**Eine schicksalhafte Reise**

Die Geschichte der Rallye Dakar beginnt mit einem Missgeschick. 1977, während der Rallye Abidjan-Nizza, verirrte sich Thierry Sabine in der libyschen Wüste. Diese Erfahrung, voller Gefahren und Ungewissheiten, sollte zum Schmelztiegel für Sabines Vision werden. Sabine sah in der Wüste kein unüberwindbares Hindernis, sondern die ultimative Etappe für den ultimativen Härtetest. "Die Wüste ist sowohl schön als auch brutal", reflektierte Sabine. "Um sie zu erobern, muss man sie respektieren, verstehen. Ich wollte diese Herausforderung mit der Welt teilen."

**Die Geburtsstunde der Rallye Dakar**

Angetrieben von seiner Erfahrung in der Sahara und seiner Leidenschaft für Abenteuer machte sich Sabine daran, ein Rennen zu schaffen, das den Geist der Ausdauer und des Entdeckers verkörpert. Im Jahr 1978 wurde die Rallye Paris-Dakar ins Leben gerufen, ein Rennen, das in der französischen Hauptstadt begann und in Dakar im Senegal endete. Die Rallye war offen für Profis und Amateure und verkörperte Sabines Überzeugung, dass die Herausforderung der Wüste für jeden zugänglich sein sollte, der den Mut hat, sich ihr zu stellen.

**Die Herausforderung der Sahara**

Die Rallye Dakar erwarb sich schnell den Ruf, eine der anspruchsvollsten Motorsportveranstaltungen der Welt zu sein. Die Teilnehmer, von erfahrenen Profis bis hin zu unerschrockenen Amateuren, standen vor einer Vielzahl von Herausforderungen, von der Navigation durch tückische Dünen bis hin zu mechanischen Ausfällen unter den rauen Wüstenbedingungen. "Die Dakar ist ein Test des Willens", sagte Sabine. "Es geht darum, sich und seine Maschine an die Grenzen und darüber hinaus zu pushen."

**Ein Vermächtnis über die Rasse hinaus**

Thierry Sabines Vision für die Rallye Dakar ging über den Wettbewerb hinaus. Er sah die Kundgebung als ein Mittel, um Menschen zusammenzubringen und einen Geist der Kameradschaft und des gegenseitigen Respekts zwischen den Teilnehmern mit unterschiedlichem Hintergrund zu fördern. Sabines Engagement für die Rallye Dakar machte sie zu einem globalen Phänomen, das Wettkämpfer und Zuschauer aus der ganzen Welt anzieht.

Tragischerweise wurde das Leben von Thierry Sabine bei einem Hubschrauberabsturz während der Rallye Dakar 1986 beendet. Sein Geist und seine Vision leben jedoch in dem Rennen weiter, das er geschaffen hat. Auch heute noch ist die

Rallye Dakar ein Zeugnis menschlicher Ausdauer, eine Hommage an Sabines Glauben an die transformative Kraft des Abenteuers und den unbezwingbaren menschlichen Geist.

**Die Seele der Rallye Dakar**

Das Vermächtnis von Thierry Sabine ist in jeden Kilometer der Rallye Dakar eingebrannt, einem Rennen, das immer wieder inspiriert, herausfordert und beeindruckt. Mit seiner Schöpfung schenkte Sabine der Welt ein unvergleichliches Abenteuer, eine Reise, die die Grenzen der Ausdauer und die Tiefe der menschlichen Widerstandsfähigkeit auf die Probe stellt. Die Rallye Dakar bleibt ein Denkmal für die Vision von Thierry Sabine, ein Rennen, das die Seele der Erkundung und das anhaltende Streben nach der Eroberung des Unbekannten verkörpert.

Wenn wir uns an Thierry Sabine und die monumentale Rasse erinnern, die er erschuf, werden wir an die Kraft der Träume und die Fähigkeit des menschlichen Geistes erinnert, diese Träume in die Realität umzusetzen. Die Rallye Dakar mit ihrer Mischung aus Abenteuer, Wettbewerb und Kameradschaft ist eine bleibende Hommage an Sabines Leidenschaft für das Leben und sein unnachgiebiges Streben nach dem Außergewöhnlichen.

# Kapitel 36: Bernie Ecclestone – Das Mastermind der Formel 1

Bernie Ecclestone, der oft als "Mr. Formula One" bezeichnet wird, ist eine Figur, deren Einfluss auf den Sport beispiellos ist. Seine transformative Rolle in der Formel 1 verwandelte durch seinen Geschäftssinn und seine strategische Vision eine einst fragmentierte Rennserie in ein globales Sportphänomen.

**Der Visionär**

Bernie Ecclestones Einstieg in die Welt der Formel 1 begann nicht als Geschäftsmann, sondern als Fahrer und dann als Teambesitzer in den späten 1950er und frühen 1960er Jahren. Es waren jedoch seine Weitsicht und sein Verständnis für das kommerzielle Potenzial des Sports, die ihn auf den Weg brachten, die Landschaft der Formel 1 neu zu gestalten. "Die Formel 1 war ein Sport mit enormem Potenzial, aber es war zerstreut", sagte Ecclestone einmal. "Mein Ziel war es, es zu vereinen, ein Spektakel zu schaffen, das das Publikum weltweit in seinen Bann zieht."

**Der Architekt der modernen Formel 1**

Ecclestones Transformation der Formel 1 begann, als er in den späten 1970er Jahren eine führende Rolle in der Formula One Constructors Association (FOCA) übernahm. Er erkannte die Macht des Fernsehens, um das Profil des Sports zu schärfen, und handelte bahnbrechende Verträge aus, die die Formel 1 in Millionen von Haushalten auf der ganzen Welt brachten. Durch die Zentralisierung der Fernsehrechte des

Sports erhöhte Ecclestone nicht nur seine Sichtbarkeit, sondern steigerte auch die Einnahmequellen für Teams und Strecken erheblich.

**Meister des Verhandelns**

Die Geschäftsstrategien von Ecclestone gingen über die Fernsehrechte hinaus. Er war maßgeblich an der Aushandlung von Sponsorenverträgen beteiligt, um die kommerzielle Attraktivität des Sports zu steigern und seine finanzielle Zukunft zu sichern. "Verhandeln ist eine Kunst", glaubte Ecclestone. "Es geht darum, zu verstehen, was alle Parteien wollen, und einen Weg zum gegenseitigen Nutzen zu finden." Seine Fähigkeit, Geschäfte zu vermitteln und sich im komplexen Interessengeflecht innerhalb der Formel 1 zurechtzufinden, festigte seinen Ruf als Meister der Verhandlung.

**Die technische Evolution mitgestalten**

Neben der kommerziellen Transformation der Formel 1 beeinflusste Ecclestone auch deren technische Entwicklung. Unter seiner Führung erfuhr der Sport erhebliche Fortschritte in den Bereichen Sicherheit, Technologie und Vorschriften. Ecclestone war ein Befürworter von Innovationen und drängte auf Änderungen, die die Rennen wettbewerbsfähiger, die Autos schneller und den Sport für die Fahrer sicherer machen sollten. In seine Amtszeit fallen zahlreiche Technologien, die heute im Rennsport Standard sind, von Kohlefaser-Chassis bis hin zu Hybrid-Aggregaten.

**Das Vermächtnis eines Titanen**

Bernie Ecclestones Vermächtnis in der Formel 1 ist facettenreich. Ihm wird zugeschrieben, dass er den Sport in ein globales Unternehmen verwandelt und jeden Aspekt seines Betriebs von der Logistik bis zur Übertragung professionalisiert hat. Dennoch war seine Amtszeit nicht unumstritten und geprägt von Kämpfen mit Teams, Regulierungsbehörden und Kritikern. Trotzdem ist der Einfluss von Ecclestone auf die Formel 1 unbestreitbar. "Mein Ziel war es immer, den Sport besser zu verlassen, als ich ihn vorgefunden habe", sagte Ecclestone im Rückblick auf seine Karriere.

**Die Zukunft der Formel 1**

Während sich die Formel 1 weiterentwickelt, bleibt der Einfluss von Bernie Ecclestone in seiner globalen Reichweite, seinem Wettbewerbscharakter und seinem kommerziellen Erfolg offensichtlich. Während sich der Sport auf neue Herausforderungen und Möglichkeiten freut, wird die Rolle von Ecclestone als Vordenker in einer kritischen Phase des Wandels immer ein bedeutendes Kapitel in seiner Geschichte sein.

Bernie Ecclestones Weg vom Teambesitzer zum unangefochtenen Anführer der Formel 1 ist ein Beweis für seine Vision, seine Entschlossenheit und sein unvergleichliches Gespür für das Geschäft. Durch seine Bemühungen wurde die Formel 1 zu mehr als nur einem Sport. Es wurde zu einem Spektakel, das von Millionen von Fans weltweit genossen wurde, und zu einem Maßstab für den Erfolg im Sportmanagement und -marketing. Das komplexe und unauslöschliche Vermächtnis von Ecclestone hat nach wie vor einen entscheidenden Einfluss auf das anhaltende Streben des Sports nach Exzellenz, Innovation und globaler Anziehungskraft.

# Kapitel 37: Bill France Sr. – Der Architekt von NASCAR

Bill France Sr., der unbezwingbare Geist hinter der Gründung von NASCAR und dem Bau des Daytona International Speedway, ist eine herausragende Figur in der Welt des Motorsports. Seine Vision für eine einzigartige amerikanische Form des Motorsports schuf nicht nur ein Rennsportphänomen, sondern beeinflusste auch die Autokultur in den Vereinigten Staaten tiefgreifend.

**Die Geburt von NASCAR**

In den Vereinigten Staaten der Nachkriegszeit war der Stock-Car-Rennsport eine fragmentierte und unorganisierte Angelegenheit, mit Regeln, die von Strecke zu Strecke sehr unterschiedlich waren. Bill France Sr., ein Rennfahrer und Mechaniker, der nach Daytona Beach, Florida, gezogen war, erkannte das Potenzial für eine einheitliche Rennserie unter einem einzigen Dachverband. Im Dezember 1947 versammelte Frankreich Vertreter der Rennsportgemeinschaft im Streamline Hotel in Daytona Beach, wo die NASCAR (National Association for Stock Car Auto Racing) geboren wurde.

"Der Rennsport lag mir im Blut, aber ich sah, dass er eine Struktur brauchte, um zu wachsen", reflektierte France über die Gründung von NASCAR. Seine Führung in diesen frühen Tagen war maßgeblich an der Gestaltung der Organisation, der Festlegung von Regeln und der Erstellung eines Zeitplans beteiligt, der Ordnung in den Sport bringen und ihn auf eine nationale Bühne heben sollte.

**Bau des Daytona International Speedway**

Bill France Sr.s Ambitionen für NASCAR gingen über die Organisation von Rennen hinaus. Er stellte sich einen Tempel der Geschwindigkeit vor, der den Geist des amerikanischen Motorsports verkörpern sollte. Diese Vision führte zum Bau des Daytona International Speedway, einer 2,5 Meilen langen Tri-Oval-Strecke, die 1959 eröffnet wurde. Der Speedway mit seiner hohen Steigung und seiner Kapazität für große Menschenmengen war zu dieser Zeit anders als alles andere in der Welt des Motorsports.

"Der Daytona International Speedway war mein Traum, ein Ort, an dem Geschwindigkeit und Wettbewerb ein wahres Zuhause finden können", sagte France über die legendäre Strecke. Die Entstehung des Speedways war nicht nur ein Flaggschiff für NASCAR, sondern trug auch dazu bei, den Platz des Stock-Car-Rennsports in der amerikanischen Sportkultur zu festigen.

**Die Autokultur prägen**

Der Einfluss von Bill France Sr. reichte über die Rennstrecke hinaus; Er spielte eine entscheidende Rolle bei der Gestaltung der amerikanischen Autokultur. Der Aufstieg von NASCAR spiegelt die wachsende Faszination für Automobile in den Vereinigten Staaten wider, wobei der Sport die Kraft, Leistung und Innovation des amerikanischen Automobilbaus feiert. Frankreich verstand das Spektakel des Rennsports und integrierte Unterhaltung mit Wettbewerb, um NASCAR zu einem festen Bestandteil der amerikanischen Kultur zu machen.

**Ein Vermächtnis von Innovation und Unterhaltung**

Das Vermächtnis von Bill France Sr. ist in das Gefüge des amerikanischen Motorsports eingebrannt. Mit der Gründung von NASCAR und dem Bau des Daytona International Speedway schuf France eine Plattform für den Hochgeschwindigkeitssport, die seit Generationen Millionen von Fans in ihren Bann zieht. Seine Vision für eine einzigartig amerikanische Form des Motorsports kombinierte Hochgeschwindigkeitsrennen mit Unterhaltung und schuf ein Spektakel, das in den Vereinigten Staaten zum Synonym für die Autokultur geworden ist.

Wenn man über seine Beiträge nachdenkt, inspiriert Frankreichs Ethos der Innovation, Entschlossenheit und der tiefen Liebe zum Rennsport weiterhin. "Es ging nie nur um die Autos oder die Rennen. es ging um die Menschen, die Fans und die pure Freude am Wettbewerb", bemerkte France einmal. Sein Engagement für den Sport und seine Community hat unauslöschliche Spuren hinterlassen und dafür gesorgt, dass sein Vermächtnis als Architekt von NASCAR für kommende Generationen Bestand haben wird.

Bill France Sr.s Weg vom Rennfahrer und Mechaniker zum Architekten von NASCAR ist ein Beweis für die Kraft von Vision und Ausdauer. Durch die Schaffung einer Rennserie, die sich zu einem Eckpfeiler des amerikanischen Sports und der Unterhaltung entwickelt hat, prägte Frankreich nicht nur die Entwicklung des Motorsports in den Vereinigten Staaten, sondern trug auch zum kulturellen Gefüge der Nation bei, indem es den Geist des Wettbewerbs und die universelle Anziehungskraft der Geschwindigkeit feierte.

# Kapitel 38: Colin McRae – Die Legende des Rallyesports

Der Name Colin McRae schwingt weit über die Schotterstraßen und das tückische Gelände der Rallye-Weltmeisterschaft (WRC) hinaus. Es beschwört eine Ära des Rallyesports herauf, die von rohem Talent, furchtlosem Fahren und einem unbezwingbaren Geist geprägt war. McRae war zwar kein Gründer, hat aber die Welt des Rallyesports unauslöschlich geprägt und sie mit seinem legendären Fahrstil und seinem Wettbewerbseifer ins weltweite Rampenlicht gerückt.

**Der Aufstieg eines Rallye-Titanen**

Colin McRae, der in eine Familie mit einem reichen Rallye-Stammbaum hineingeboren wurde, schien von Anfang an mit dem Motorsport verwoben zu sein. Sein Aufstieg zum Rallye-Star war kometenhaft und zeichnete sich durch eine furchtlose Herangehensweise an das Fahren aus, die schnell die Aufmerksamkeit von Fans und Konkurrenten auf sich zog. McRaes Talent hinter dem Steuer war offensichtlich, aber es war sein Alles-oder-Nichts-Fahrstil – er trieb seine Autos oft an ihre Grenzen und manchmal darüber hinaus –, der ihn bei einem weltweiten Publikum beliebt machte. "Ich bin hier, um Rennen zu fahren, nicht um die Zahlen aufzubessern", sagte McRae einmal, um seine Herangehensweise an den Wettbewerb zusammenzufassen.

**Das Vermächtnis eines Champions**

McRaes Krönung kam 1995, als er der jüngste Rallye-Weltmeister aller Zeiten wurde, ein Titel, der sein Können, seine Entschlossenheit und seinen Wettkampfgeist unterstrich. Seine Meisterschaftssaison war eine Meisterklasse im Rallyesport und zeigte nicht nur McRaes fahrerisches Können, sondern auch seine Fähigkeit, sich in den komplexen Geländen, Wetterbedingungen und dem Druck des Wettbewerbs zurechtzufinden.

**Eine Ikone jenseits der Rennstrecke**

Colin McRaes Einfluss auf den Rallyesport ging weit über seine Erfolge auf der Strecke hinaus. Er wurde zu einer kulturellen Ikone, ein Synonym für den Sport selbst. McRaes Charisma, kombiniert mit seiner waghalsigen Fahrweise, machte den Rallyesport für eine neue Generation von Fans zugänglich und aufregend. Sein Einfluss wurde durch den Erfolg der Videospielreihe "Colin McRae Rally" weiter verstärkt, die Millionen von Menschen auf der ganzen Welt den Nervenkitzel des Rallyesports näher brachte.

**Der Geist des Rallyesports**

McRaes Vermächtnis besteht nicht nur aus Siegen und Titeln, sondern auch aus dem Geist, den er verkörperte – dem Geist des Rallyesports. Sein Engagement, die Grenzen zu überschreiten, seine Widerstandsfähigkeit im Angesicht von Widrigkeiten und seine schiere Leidenschaft für den Sport haben den Rallyesport und den Motorsport als Ganzes nachhaltig geprägt. "Es ist die Herausforderung, die mich antreibt", sagte McRae oft, als er darüber nachdachte, was ihn trotz Gefahren und Schwierigkeiten am Rennen hielt.

**Sich an eine Legende erinnern**

Tragischerweise wurde Colin McRaes Leben 2007 bei einem Hubschrauberunfall beendet und die Welt des Motorsports musste um einen ihrer hellsten Stars trauern. Dennoch besteht das Vermächtnis von McRae fort und inspiriert neue Generationen von Fahrern und Fans, die sich von der rohen Aufregung und dem reinen Wettbewerb des Rallyesports angezogen fühlen. Sein Name ist nach wie vor ein Synonym für den Sport, ein Beweis für seinen Einfluss und die unauslöschlichen Spuren, die er in der Welt des Rallyesports hinterlassen hat.

Wenn wir über Colin McRaes Beiträge zum Motorsport nachdenken, wird klar, dass sein Vermächtnis über Rekorde und Auszeichnungen hinausgeht. McRae verkörperte die Essenz des Rallyesports – Mut, Entschlossenheit und das unermüdliche Streben nach Exzellenz. Sein Geist inspiriert weiterhin Menschen innerhalb und außerhalb des Motorsports und sorgt dafür, dass Colin McRae für immer als Legende des Rallyesports in Erinnerung bleiben wird, dessen Name in die Annalen der Geschichte eingegangen ist, nicht nur für die Art und Weise, wie er Rennen fuhr, sondern auch dafür, wie er lebte: mit Leidenschaft, Mut und einer unerschütterlichen Liebe zum Sport.

# Kapitel 39: Tony Hulman – Die Wiederbelebung des Indianapolis 500

Der Name Tony Hulman ist in die Annalen der amerikanischen Motorsportgeschichte eingebrannt, nicht wegen Siegen auf der Rennstrecke, sondern wegen eines Aktes der Bewahrung, der das Überleben eines der legendärsten Rennen der Welt sicherte: des Indianapolis 500. Sein Kauf und die Wiederbelebung des Indianapolis Motor Speedway nach dem Zweiten Weltkrieg ist ein Beweis für seine Vision, Leidenschaft und Hingabe für den Sport.

**Vom Verfall zum Ruhm**

Am Ende des Zweiten Weltkriegs befand sich der Indianapolis Motor Speedway in einem baufälligen Zustand. Die Strecke, einst das Herz des amerikanischen Motorsports, war in den Kriegsjahren vernachlässigt worden, so dass viele befürchteten, dass hier nie wieder ein Rennen stattfinden würde. In diesem Moment der Ungewissheit trat Tony Hulman, ein erfolgreicher Geschäftsmann aus Terre Haute, Indiana, hervor. Im Jahr 1945 kaufte Hulman den baufälligen Speedway, angetrieben von der Vision, die Strecke und das Indy 500 wiederzubeleben.

**Eine Herzensangelegenheit**

Hulmans Bemühungen, den Speedway wiederzubeleben, waren nichts weniger als Herkules. "Wir haben ein Rennen vor uns", erklärte Hulman und unterstrich damit sein Engagement, die Strecke für das Indy 500 1946 wieder zu öffnen. Mit einem praktischen Ansatz beaufsichtigte er umfangreiche Renovierungen, von der Neuasphaltierung der Strecke bis zur Modernisierung der Anlagen, und stellte sicher, dass der Speedway nicht nur wieder Rennen ausrichtete, sondern dies auch als Austragungsort von Weltklasse tat.

**Die Wiedergeburt des Indianapolis 500**

Das Indy 500 1946 markierte die Wiedergeburt des Indianapolis Motor Speedway und des Rennens selbst. Unter Hulmans Leitung gewann die Veranstaltung ihren Status als wichtiger Bestandteil des Rennkalenders zurück und zog Wettkämpfer und Fans aus der ganzen Welt an. Hulmans Leidenschaft für den Sport und sein Glaube an das Potenzial des Speedway haben das Indy 500 neu belebt und seinen Ruf als "das größte Spektakel im Rennsport" gefestigt.

**Ein Vermächtnis von Wachstum und Innovation**

Tony Hulmans Einfluss auf den Indianapolis Motor Speedway und das Indy 500 reichte weit über die anfänglichen Renovierungen hinaus. Fast drei Jahrzehnte lang, bis zu seinem Tod im Jahr 1977, präsidierte Hulman über eine Periode beispiellosen Wachstums und Innovation. Er führte Verbesserungen ein, die die Sicherheit und Wettbewerbsfähigkeit des Rennens erhöhten, begrüßte neue Technologien und erweiterte die Einrichtungen des Speedways, um seiner wachsenden Fangemeinde gerecht zu werden.

## Der Wächter des amerikanischen Motorsports

Tony Hulman ist nicht nur als der Mann in Erinnerung, der das Indianapolis 500 gerettet hat, sondern auch als Hüter des amerikanischen Motorsports. Seine Vision und sein Engagement sorgten dafür, dass der Indianapolis Motor Speedway ein heiliger Boden für Rennfahrer und Fans gleichermaßen blieb, ein Ort, an dem Geschichte geschrieben und Rennlegenden geboren werden. "Der Geist des Speedway", bemerkte Hulman einmal, "liegt in den Herzen derer, die an Wettkämpfen teilnehmen, und derer, die zuschauen. Wir sind seine Hüter, für diese und die nächste Generation."

## Das Indianapolis 500 heute

Heute steht der Indianapolis Motor Speedway als Denkmal für Tony Hulmans Vermächtnis. Jedes Jahr fesselt das Indy 500 die Fantasie der Rennwelt und ist ein Beweis für Hulmans Glauben an die anhaltende Attraktivität des Rennens. Seine Verdienste um den Motorsport haben dafür gesorgt, dass das Indianapolis 500 nicht nur ein Eckpfeiler der amerikanischen Rennkultur, sondern auch ein Symbol für Innovation, Wettbewerb und das unermüdliche Streben nach Exzellenz bleibt.

Wenn man über Tony Hulmans Rolle in der Geschichte des Indianapolis Motor Speedway und des Indy 500 nachdenkt, wird deutlich, dass sein Einfluss weit über die physische Restaurierung der Strecke hinausgeht. Durch seine Vision, Leidenschaft und unerschütterliche Hingabe bewahrte Hulman ein Stück amerikanisches Erbe und stellte sicher, dass das Vermächtnis des Indianapolis 500 auch kommende Generationen inspirieren und begeistern würde.

# Kapitel 40: Jack Brabham – Rennsport-Innovator

Sir Jack Brabhams Vermächtnis in der Welt des Motorsports ist beispiellos und geprägt von Pioniergeist und einem unauslöschlichen Drang nach Innovation. Seine einzigartige Leistung, eine Formel-1-Weltmeisterschaft in einem von ihm selbst konstruierten Auto zu gewinnen, ist eine Leistung, die bis heute ihresgleichen sucht und den Höhepunkt des technischen Einfallsreichtums und der Wettbewerbsfähigkeit im Rennsport symbolisiert.

**Der Mann hinter dem Steuer und dem Schraubenschlüssel**

Jack Brabhams Reise im Motorsport begann auf den Schotterpisten Australiens, wo seine Leidenschaft für den Rennsport und seine mechanischen Fähigkeiten zum ersten Mal zum Vorschein kamen. Sein Wechsel nach Europa, um in der Formel 1 anzutreten, war ein mutiger Schritt, der zu einer sagenumwobenen Karriere an der Spitze des Motorsports führen sollte. Brabham gab sich jedoch nicht damit zufrieden, nur ein Fahrer zu sein. Seine Vision erstreckte sich bis ins Herz der Innovation im Rennsport. "Um wirklich konkurrenzfähig zu sein, muss man die Maschine so gut verstehen wie sich selbst", sagte Brabham oft und verkörperte damit seine Doppelrolle als Rennfahrer und Ingenieur.

**Die Geburt von Brabham Racing**

Im Jahr 1960 gelang Jack Brabham das außergewöhnliche Kunststück, die Formel-1-Weltmeisterschaft in einem Auto zu gewinnen, das seinen Namen trug – ein Beweis für seine Fähigkeiten nicht nur als Fahrer, sondern auch als Konstrukteur. Diesem Sieg folgte 1966 ein weiterer Meisterschaftssieg, der Brabhams Platz in der Motorsportgeschichte festigte. Mit der Gründung von Brabham Racing begann eine neue Ära in der Formel 1, in der Innovation und technische Entwicklung ebenso entscheidend für den Erfolg wurden wie das Können des Fahrers.

**Innovationen auf und abseits der Rennstrecke**

Jack Brabhams Einfluss auf den Motorsport ging über seine Erfolge auf der Rennstrecke hinaus. Seine Herangehensweise an den Automobilbau und seine Bereitschaft, mit neuen Technologien und Designphilosophien zu experimentieren, ebneten den Weg für Fortschritte, die die Zukunft des Rennsports prägen sollten. Brabham war unter anderem ein Pionier bei der Einführung von Mittelmotor-Layouts, aerodynamischen Verbesserungen und der Entwicklung des Repco-Motors. Sein unermüdliches Streben nach Verbesserung stellte die Normen der Formel 1 in Frage und inspirierte eine Generation von Ingenieuren und Designern.

**Ein Vermächtnis der Exzellenz und Inspiration**

Sir Jack Brabhams Verdienste um den Motorsport wurden mit zahlreichen Ehrungen gewürdigt, darunter 1979 der

Ritterschlag. Sein nachhaltigstes Vermächtnis liegt jedoch in der Inspiration, die er Rennfahrern, Ingenieuren und Enthusiasten auf der ganzen Welt bietet. Brabhams Karriere ist ein Zeugnis für den Glauben, dass es mit Entschlossenheit, Einfallsreichtum und einem tiefen Verständnis der Mechanik des Rennsports möglich ist, das Außergewöhnliche zu erreichen.

**Der Innovationsgeist geht weiter**

Heute lebt der Geist von Jack Brabham in den kontinuierlichen Innovationen weiter, die den Motorsport ausmachen. Seine Philosophie der praktischen Entwicklung und ein tiefes Verständnis für die technischen Aspekte des Rennsports beeinflussen weiterhin die Art und Weise, wie Teams und Fahrer an den Sport herangehen. Brabham Racing tritt zwar nicht mehr in der Formel 1 an, aber die von Jack Brabham eingeführten Fortschritte und Errungenschaften sind nach wie vor ein wesentlicher Bestandteil des Rennsports.

Wenn man über die bemerkenswerte Karriere von Jack Brabham nachdenkt, wird deutlich, dass sein Einfluss auf den Motorsport unermesslich ist. Als einziger Mensch, der eine Formel-1-Weltmeisterschaft mit einem selbst konstruierten Auto gewann, festigte Brabham nicht nur sein Vermächtnis als Rennlegende, sondern auch als Innovator, dessen Beiträge die Welt des Motorsports für immer geprägt haben. Sein Weg von den Schotterpisten Australiens an die Spitze der Formel 1 ist eine Geschichte von Beharrlichkeit, Innovation und dem unermüdlichen Streben nach Exzellenz – ein Vermächtnis, das den Innovationsgeist im Rennsport weiterhin inspiriert und vorantreibt

# Epilog

Zum Abschluss des letzten Kapitels von "Driven Minds: The Visionaries Who Engineered the Automotive Age" befinden wir uns an einem einzigartigen Scheideweg in der Geschichte der automobilen Innovation.

Die Reisen der Personen, die auf diesen Seiten aufgezeichnet werden, haben nicht nur die Entwicklung der Automobilwelt geprägt, sondern auch den Grundstein für die Zukunft der Mobilität gelegt. Während wir auf den Schultern dieser Giganten stehen, blicken wir mit Vorfreude, Neugier und einem unerschütterlichen Glauben an das Potenzial menschlichen Einfallsreichtums dem Horizont entgegen, um uns vorwärts zu bringen.

Die Automobilindustrie steht an der Schwelle zu einer weiteren Revolution, die durch Fortschritte bei Elektrofahrzeugen, autonomem Fahren und nachhaltiger Fertigung vorangetrieben wird. Doch während wir uns in dieses Neuland vorwagen, bleiben die Lehren der Vergangenheit immer relevant. Der Innovationsgeist, das Streben nach Exzellenz und der Mut, konventionelle Weisheiten in Frage zu stellen – Qualitäten, die von den Visionären in diesem Buch verkörpert werden – sind die gleichen Prinzipien, die die nächste Generation von Automobilpionieren leiten werden.

Wenn wir über die Geschichten derjenigen nachdenken, die es wagten, zu träumen und diese Träume in die Tat umzusetzen, werden wir daran erinnert, dass es bei Innovation nicht nur um Technologie geht. Es geht um Menschen. Es geht um die Träumer, die sich eine bessere

Zukunft vorstellen, die Ingenieure, die Visionen in die Realität umsetzen, und die unzähligen Menschen, deren Leben von diesen Bemühungen berührt und verändert wird.

Der Weg, der vor uns liegt, ist sowohl mit Herausforderungen als auch mit Chancen gefüllt. Fragen der Nachhaltigkeit, Ethik und Zugänglichkeit sind groß und erfordern durchdachte Überlegungen und kreative Lösungen. Doch wenn uns die Geschichte etwas gelehrt hat, dann, dass sich die Grenzen des Möglichen ständig erweitern, vorangetrieben durch das unerbittliche menschliche Streben nach Fortschritt.

In diesem Moment der Reflexion erkennen wir auch, dass die Geschichte der automobilen Innovation noch lange nicht abgeschlossen ist. Jeden Tag werden neue Kapitel geschrieben, in Designstudios und Ingenieurlabors, auf Rennstrecken und auf den Straßen der Städte auf der ganzen Welt. Die Zukunft der Mobilität ist eine Leinwand, die noch nicht vollständig bemalt ist und auf die Vision und das Talent der nächsten Generation von motivierten Köpfen wartet.

Wenn Sie, der Leser, dieses Buch schließen, mögen Sie die Inspiration und die Einsichten, die Sie auf seinen Seiten gewonnen haben, weitertragen. Egal, ob Sie ein Enthusiast, ein Student, ein Ingenieur oder einfach nur ein Träumer sind, der von der Faszination der offenen Straße fasziniert ist, denken Sie daran, dass Sie die Zukunft gestalten müssen. Das Vermächtnis der Visionäre, die das Automobilzeitalter geprägt haben, liegt nicht nur in den Autos, die sie geschaffen haben, sondern auch in dem Funken der Innovation, den sie entzündet haben – ein Funke, der weiterhin hell in den Herzen und Köpfen derjenigen brennt, die es wagen, zu träumen und die Welt voranzubringen.

Vielen Dank, dass Sie uns auf dieser Reise durch die Annalen der Automobilgeschichte begleiten. Der Weg, der vor uns liegt, ist riesig und endlos, voller Versprechen und Potenzial. Lassen Sie uns die Zukunft mit der gleichen Leidenschaft, Entschlossenheit und dem gleichen Innovationsgeist annehmen, die uns an diesen Punkt gebracht haben. Vorwärts, zum nächsten Horizont.

**Über den Autor**

Etienne Psaila, ein versierter Autor mit über zwei Jahrzehnten Erfahrung, beherrscht die Kunst, Wörter über verschiedene Genres hinweg zu weben. Sein Weg in die literarische Welt ist geprägt von einer Vielzahl von Publikationen, die nicht nur seine Vielseitigkeit, sondern auch sein tiefes Verständnis für verschiedene Themenlandschaften unter Beweis stellen. Es ist jedoch der Bereich der Automobilliteratur, in dem Etienne seine Leidenschaften wirklich verbindet und seine Begeisterung für Autos nahtlos mit seinen angeborenen Fähigkeiten als Geschichtenerzähler verbindet.

Etienne hat sich auf Automobil- und Motorradbücher spezialisiert und erweckt die Welt der Automobile durch seine eloquente Prosa und eine Reihe atemberaubender, hochwertiger Farbfotografien zum Leben. Seine Werke sind eine Hommage an die Branche, indem sie ihre Entwicklung, den technologischen Fortschritt und die schiere Schönheit von Fahrzeugen auf eine Weise einfangen, die sowohl informativ als auch visuell fesselnd ist.

Als stolzer Alumnus der Universität von Malta bildet Etiennes akademischer Hintergrund eine solide Grundlage für seine akribische Recherche und sachliche Genauigkeit. Seine Ausbildung hat nicht nur sein Schreiben bereichert, sondern auch seine Karriere als engagierter Lehrer vorangetrieben. Sowohl im Unterricht als auch beim Schreiben ist Etienne bestrebt, zu inspirieren, zu informieren und die Leidenschaft für das Lernen zu entfachen.

Als Lehrer nutzt Etienne seine Erfahrung im Schreiben, um sich zu engagieren und zu bilden, und bringt seinen Schülern das gleiche Maß an Engagement und Exzellenz entgegen wie seinen Lesern. Seine Doppelrolle als Pädagoge und Autor versetzt ihn in eine einzigartige Position, um komplexe Konzepte mit Klarheit und Leichtigkeit zu verstehen und zu vermitteln, sei es im Klassenzimmer oder durch die Seiten seiner Bücher.

Mit seinen literarischen Werken hinterlässt Etienne Psaila weiterhin einen unauslöschlichen Stempel in der Welt der Automobilliteratur und fesselt Autoliebhaber und Leser gleichermaßen mit seinen aufschlussreichen Perspektiven und fesselnden Erzählungen.
Er ist persönlich unter etipsaila@gmail.com erreichbar

Milton Keynes UK
Ingram Content Group UK Ltd.
UKHW042245011124
450424UK00001BA/255